從——此——工——作

不傷心。

目錄

step 02

又愛、又怕受傷害：職場的人際關係與破解

step 03

營業目標與業績壓力：又要馬兒跑，又要馬兒不吃草

step 04

平庸與豁達之間：職場升遷之路

step 05

競爭：無形的殺手

step 06

環境變遷：社會變遷、市場變遷、人事變遷

step 07

工作倦怠：零件用久了，也會生鏽

#〈推薦序〉人人皆可成為職場達人

李吉仁
台灣大學國際企業學系教授兼創意與創業中心與學程主任

職場猶如戰場，需要經常面對工作壓力與人際競爭，如何能夠成為職場達人，絕非僅靠知識與技能得以致之，正向的態度才是成為快樂上班族的關鍵。換句話說，掌握專業工作的「方法」或許可以完成任務，但培養正面積極的「心法」，才是能夠樂在工作的秘訣。

本書兩位作者既是職場服務多年的達人，更是經驗豐富的企業顧問，他們精鍊多年擔任部屬與主管的經驗，以淺顯易懂的文字，配合實務案例，以前輩與過來人的觀點，提供給正在組織金字塔階梯中奮鬥的所有朋友，涵蓋工作與生活、方法與心法、做人與愛情、身體與心靈等全面的建議。尤其，本書針對各種導致職場低潮的原因，進行深入剖析，提供「張老師」式的諮商，並鼓勵積極行動的價值，更屬難得。

個人認識賜亮兄近二十年，對其從基層做起的實務經驗、敬業負責的工作精神、圓融的處事哲學、樂觀的生活態度，深感敬佩。另外，賜亮也是第一屆台大EMBA的畢業校友，畢業後更前往北京中國政法大學攻讀法學博士學位。在台大求學期間，賜亮兄不僅帶動學習風氣，更展現領導魅力，建立許多可持續發展的組織，同時還能兼顧自己事業的成長，展現以身作則的真領導力。

本書另一位作者，石詠琦小姐，在行政管理、專業公關與秘書領域相當知名，除歷練過許多大型企業行政管理總監職務外，並領導亞太秘書與行政專業管理協會，建立區域專業影響力。除此而外，詠琦更是積極著書立說，已出版近三十本有特色的主題書籍。十餘年前，詠琦更進一步成立虛擬學院，透過多元教育模式，傳播企業形象與品牌溝通的觀念與作法，並藉此鏈結專業社群。詠琦對專業的熱情，以及對後進者的啟發，著實令人敬佩。

本書能夠由兩位足為職場典範的達人合作，實為廣大讀者之福。走過本書的字裡行間，不僅可以學習到成為職場贏家的心法，更可感受到賜亮與詠琦對「人人皆可成為職場達人」的深切期許。

〈推薦序〉讓你成為職場的優勢競爭者

薛光揚
輝瑞大藥廠人力資源副總經理

剛開始閱讀這本書，覺得它的型態像是一本自問自答的管理叢書，仔細地閱讀後，發現它不僅是管理的指引書，更是一本心靈啟發、人生勵志及生涯引導的實務指導書。

這本書分成十二章，內容涵蓋有：職場低潮的處理、職場憂鬱的因應、工作倦怠時的調整、人際關係的建立、升遷的準備與競合、工作生活的平衡、自我健康的管理及宅型工作等。把人生在職場面臨的問題一一剖析，利用三十六個案例清楚說明職場上常會遇到的狀況，由案例引導思維，協助大家多元思考，能開開心心順順利利，游刃有餘圓融的面對每一天。

常聽人說：「我的能力、學歷都好，在相關領域又做了很久，可是我的運氣真衰、我沒有好的家世、我沒有背景，所以升官都輪不到我。」從書中我們知道，作者跟我們一般人一樣沒有背景，但是升官都是他。為什麼呢？首先，我們要有一個概念，升遷不是靠輪流，或做久了就是我的。企業的經營是靠優秀人才的帶領，好的領導者不是僅具備專業就可以，他更要具備領導者的軟職能。越高的職位，往往軟職能比專業更重要，因為，領導者需要引領其他人把事做好，而不是自己要去做。如何引領別人全心投入，把事做好，就是作者分享的思維。作者把其個人的經驗分享，可以讓我們避免走錯誤的路，讓我們的職涯發展更順遂。

作者石總經理及石老師在相關工作領域極富盛名，兩位都是令人尊崇的專家。他們兩位過去不僅在其個人工作崗位受到其上司及同仁的肯定，不斷的晉升，有所成就；並在工作之餘，不斷進修自我成長外，更熱心於公益事業，經常投入管理相關的協會或學會，貢獻其專業所長，另對於後進的提攜亦不遺餘力，透過教導與分享相互砥礪，以期共同提升管理職能。他們兩位合作完成這本書，可以說是集管理之精髓於一冊，讓大家受益無限。

在每個案例剖析中，可以看出兩位作者的用心，同一案例兩人互相搭配，從不同角度提出分享，當一個人從觀念面切入時，另一個人就說明習慣改變的重要。當提到行為影響結果時，另一個人又從管理觀念的塑造切入。如此交叉引導，具體又切中要點，閱讀者可以很容易體會，進而融會貫通。

這本書乍看是給受薪者面對工作困境提供一帖良方，實際上，也是給所有領導者及雇主一面明鏡，點醒組織運作過程中，許多在管理上要注意的眉角，這些眉角不但會影響組織士氣，造成營運上的效率不彰，也會影響優秀人才的留任與否，值得我們一讀再讀，做為管理的參考工具書。

〈推薦序〉樂在工作，走出職場低潮

黃文靜
丹麥商帝山諾台灣分公司亞太營運處處長

有人說，因為全球化的浪潮要找到一份好工作十分困難，也有人說，因為全球化的競爭和科技的發達，讓取得優秀人才變得更容易。

對於求職者而言，能夠找到一個錢多事少離家近的舞台發揮所長實在是太幸運了，可惜這種幸運並不常有；但是，我們也看到許多優秀的年輕人寧可遠離家鄉為夢想而努力。可見一份工作對於人生的意義並不只是填飽肚子而已，而是身為人，可以安身立命的重要精神支柱。在本書第二章又愛、又怕受傷害的文章裡，石老師也提了這個問題：為什麼人類要進入職場呢？

以我自己來說工作是磨鍊自己讓自己能夠更好的重要舞台，我深深希望可以一輩子一直工作到無法燃燒生命的那一天為止。以前對於自己的這個想法並沒有太多的關注，只是覺得自己既不是公務員也不是老師，沒有足夠的退休金可以維持退休生活，乾脆不要退休就好了嘛！這麼想著，居然在多年後變成了一個信仰，有了意志力。但是，由於最近層出不窮的貪腐事件，食品安全問題，讓我發現培養這種意志，其實是很重要的。在台灣，有些農民因為農地被不當徵收而自殺，為什麼？因為農夫是用他們的生命在耕耘，而不是想著我現在二十歲，到四十歲退休不做了，趁退休前大撈一筆吧！

當你選擇了一份沒有退休年限的職業，你一定會用生命去保護這一份讓你驕傲、得以安身立命的工作。同時，也會比較注重職業道德。因此，我想利用為石老師的書寫推薦序的機會，鼓勵所有的讀者，請重視你的職業生涯並且從現在開始培養「活到老、做到老」的意志力，你將可以在一生中享受各種不同的工作樂趣，就算你現在的職業是家庭主婦，也一定要以成為優秀的家庭主婦為榮。

第一次見到石詠琦老師是在二〇〇五年五月，當時受邀到佳音電台石老師主持的節目接受現場專訪，正值畢業季，因此現身說法和聽眾分享我個人的求學和就業過程，現場專訪又接受聽眾 call-in到電台，和錄音節目很不相同，我心裡想著會不會沒有聽眾進線？未料真的有電話進來而且事後還有人再私下電話與我聯繫。這個經驗除了讓我初次感受到石老師的節目安排、穩定台風和清晰的口齒之外，也感覺石老師對於年輕人未來的關心以及所有家長對其子女未來的擔心。石老師創辦的新世紀形象管理學院就是把對於年輕人未來的關心具體化的最佳證明。

相信和石老師共事過的人，和我一樣都有同樣的感覺：他做事很有效率，決定要做的事都會成功，而且他總是樂觀笑臉迎人。這樣子積極往前走的人，怎麼可能曾經受恐慌症困擾呢？然而，就是因為曾經走過才能夠理解現在職場上找不到出口的人的心慌，才知道深受壓力所苦的無奈以及後遺症。有時候，當我們跟朋友訴說心事時，對方可能會告訴我們，他能夠體會，其實，有些事情沒有實際經歷，是很難感同身受的，只有曾經失去過至親的人才知道失去至親至愛的悲傷就是最好的例子。石老師以過來人的身份和大家暢談職場心語，再適合不過了。

很榮幸，在所有讀者尚未翻開石老師的書之前，我能夠先一睹為快。一章章翻閱時，發現石老師提到的問題，我幾乎或多或少都經歷過，好像在看自己的工作史，我在一九九一年正式進入職場，當時充滿自信的從學校畢業迫不及待的想要找一份工作發揮所長，進入職場之後才發現自己還有很多地方需要學習，當時並不在意休假，連週末都到公司去工作，工作壓力，同儕壓力，戀愛壓力，產生倦怠，工作變動，家庭因素和經濟壓力，一波又一波的挑戰，一晃二十幾年過去，如何能夠樂在工作呢？這是所有職場工作者追求的理想目標和疑問。

想要樂在工作與你身處的職場和諧共處，不妨翻開這本書，裡面各章都結合了理論與實際案例，在案例分析的部份又分別以〈石總經理的建議〉和〈石老師的建議〉和讀者對話，兼顧了理智和情感，在管理層面的處理方法由〈石總經理的建議〉說明，在心理層面的開導由〈石老師的建議〉來闡述。我建議不論是正處在職涯低潮的讀者或是即將踏入社會的畢業生都能夠讀一讀這本書，它絕對能夠帶你走過低潮，看到不同的風景。

〈推薦序〉打通工作瓶頸的任督二脈

蔡志一
加拿大針灸中醫學院講師

很高興兩位石教授又再度聯手撰寫這一本既精彩又內容豐富寫實的職場教育巨著。

筆者用心地把全文看完，十二章與前序及結語都一直在給予讀者能量，由石賜亮博士發起此書的靈感，因為他即將於近五十年的工作中退休並交班，而石詠琦教授也認同該用一本「職場對話錄」來協助職場中的上班族；而筆者也是上班族的一員，所以在拜讀全文之後，感覺醍醐灌頂，也因此更充分瞭解自己，猶如有一面明鏡照著我，把我自己也提升起來，所以在此先感謝兩位大師的開釋。

筆者和兩位石教授都認識，尤其是認識他們二位的共同著作；而人脈則從石詠琦教授開始，大約十年前和石詠琦教授在佳音電台推廣筆者新書時相識，當時正在推廣筆者的第一本書《關節體操入門》，而且在當年也很榮幸地因此榮獲了「廣播金鐘獎」，因為我在「空中」（廣播中）教運動，評審認為很有創意也很有效益，又簡單又好操作，且懂中醫經脈的人都說筆者所設計的運動可以舒筋活血，打通經脈。

本書就讓筆者在看完全書之後有「舒筋活血，打通經脈」的感覺，由於筆者的專長在「健康管理」、「醫學工程」、「運動休閒」、「針灸」、「經脈」的臨床與教學，大專生的「健康管理」、

「生涯規劃」教學，銀髮族的「退休養生」、「健康管理」、「保健針灸DIY」，「職場健康管理」的實際服務和教學，「健康產業」的人才培育與顧問服務；所以很能夠體會一般人從「職能」到「職務」，再到「職涯」過程的人生百態及高潮與低潮，在將心比心的心態下，也在自己二十多年的工作生涯中回想起許多的故事，和本書所提出的實際案例都不謀而合，而這種受到擾動的心境，猶如複習與再教育，增進我「做人做事」、「為人處事」的功力，所以欲罷不能，在各章節之間徘徊流連，收穫滿載。

兩位作者希望能協助在職場正值低潮的人，能夠有真正的「動能」來扭轉頹勢，使低潮成為展翅高飛的跳板，由石賜亮博士（陽）先給予部分建議，再由石詠琦教授（陰）補充另外思維的建議，使每個實例都具備完整的建議，有陰有陽，陰陽相合。但是在目前社會當中多數民眾並不瞭解或不知道如何解決所有在職場所造成問題的來龍去脈，因此造成不同型態、不同層次的身心靈問題甚至社會問題；因為「健康」其實就是職場工作的基礎職能，良好的健康狀態才是個人在職場中永續經營的基礎。

一九八八年世界衛生組織(WHO)的健康定義：「健康是動態的，是生理、心理、靈性與社會的完全安適狀態，有疾病或身體虛弱不代表不健康。」這個健康定義中顯示出「個人健康」(Personal Health)為身心靈，而「全人健康」(Wellness)則為身心靈再包括社會，而「職場」乃是動態的社會情境之一，但是社會情境的適應能力，與個人健康的身心靈有直接的相關性與互動，尤其是「靈」(spirit)這個區塊最為重要，它主宰了身心健康，也代表個人的健康智能（智慧與能力），也就是說個人的健康態度、健康知識及健康行為，改變或提升健康智能，也就會大幅改善個人身心健康的狀態，也就有足夠能力去面對各種社會情境。

書中的靈性能量，來自兩位石教授的全人健康經驗，並且十二章的內容，就如同人體的「十二經脈」，六臟六腑都很完整，前序與結語就如同「任督二脈」，一前一後，首尾圓合。

再次感謝本書的問世，也感謝石詠琦教授與石賜亮博士給予筆者往上提升的機會，過程中筆者有許許多多的「思維過程」，甚至在睡夢中還有幾次「靈感湧現」，詠琦教授最初希望筆者以「醫學」的角度來作序，但內文其實已經包含許多醫學的內容，尤其是詠琦教授分享自己的「恐慌症」經驗，他處理的很好，因為「症狀」(Symptom)並不是「疾病」(Disease)，並非「醫療」可以完全「治癒」(Cure)，本書提到的「職場低潮」就像是所有人都可能會面臨的十二經脈的身心病症，但是「如何走出？」則是本書兩位作者將近百年的靈性功力與讀者分享，有陰有陽，又陰又陽的將每個實例「抽絲撥繭」的一一治癒，並且給予「預防」的建議；但是最重要的一點：本書在閱讀過程中不必從第一章開始，因為很容易就閱讀完一次，由於行文很流暢，讀者將會在閱讀過程中個人思緒會玩味再三，最後會導致從自我思考中去突破個人限制(Limit)並發揮個人潛力(potential)，除了能夠扭轉逆境走出低潮，也可以看見他人的需要並予以協助。

〈作者序〉走出壓力恐慌，開啟自在心鎖

——石詠琦

二〇一四年五月十六日是個再普通不過的日子，但這一天，我收到好友石賜亮博士寄自台北的一封信。他的郵件是這麼寫的：

Dear Lucy：

這次回來，看你行程豐富滿檔，精采的人生又增加了好多新頁。回顧工作生涯四十七年，今年六月董事會之後，我安排的交班計畫應該可以在年底實現了，提了好幾年之後，日本的社長要親自來答謝我，真是太多禮了。

我最近常觀察上班族的職場生涯，一般二十五到三十年，重要的不是在過程中如何春風得意，而是在挫折中如何走出低潮。這裡包括：人際衝突、業績壓力、升遷受挫、產品、市場與經營環境變遷、家庭變故、體力與健康問題，工作倦怠感、職場憂鬱症……以致失去動力、對前途失去信心。

職涯數十年，挫敗和低潮一定免不了，只是要知道過渡調適，走出陰霾，再啟發新動力，開創下一段未走完的、更精彩的職涯路。我覺得現在的上班族，迷惘和失去信心的人太多，太多人壓抑著情緒，找不到紓解和過度的方法，生活不快樂。輕微的受到長期的苦悶使身心變

了樣，嚴重的捨棄了生命。

忽然想起可以寫一本「走出職場低潮」的對話錄，應該多多少少可以幫助甚至救一些人，也可作為以後演講的題材。不知有否興趣撥出時間來寫？這件事應該是很有意義的，有空請回個訊息表示一下你的高見。謝謝！

祝 吉祥如意

Steven

距離我和石博士上次聯袂出版《共創雙贏》在二〇〇三年五月，又過去十一年了。這其中自二〇〇七年開始我就移居北京，至今屈指也有七年。承蒙不棄，老友還能在即將退休的時刻想到找我來分享他的經驗，的確是個天大的好消息。雖然我在二〇〇二年十月和二〇〇六年十月分別在台北和北京出版了類似壓力緩解的出版品《放開自己》，但是十年光陰改變了很多兩岸的事和物，這個職場壓力的主題，還是值得再次拿出來探討。

事實上，我個人就曾經得過精神官能症裡的「恐慌症」，長達十年之久。「恐慌症」，這個名詞我在一九九七年以前從來沒聽過。「恐慌什麼？」「我從來就沒有恐慌過。」是我在電話裏面請教台大心理醫生的第一句話。當時我的情形是，某一天我搭飛機到印尼去旅行，在回程的飛機上，我正在看機上的電影，突然間我告訴空中小姐，飛機要爆炸了，我要趕快下去。

空姐很有經驗的把我引導到他們供應餐點的那個小空間，並且說：「放心，一切都很好，我們來給你按摩一下，等一下就沒事了。」真奇怪，他們按摩了十來分鐘之後，我回到座位，很快就睡著了。下了飛機，這事情也就過了。

不久之後的某一天，我在電話裡與徐筑琴大姊聊天，不知道怎麼扯到這件事情上面，他說：「詠琦，你可能是得了恐慌症。」我哈哈大笑說：「徐姐，你認識我這麼多年，還不瞭解我嗎？我是天不怕地不怕的耶。」

但是，他隨後說的幾項指標我卻都有了。他說，開車經過隧道，你是不是感覺要立刻通過？在一個沒有窗戶的教室上課，你是不是不自在？還有，你是不是不喜歡到電影院去看電影？在地下室停車，會感覺很窒息？奇怪，這些都是我沒注意到，但是的確發生在我身上。於是，我請教了醫師。他說，我雖然還沒有得到「強迫症」，可是也已經亮紅燈了。真的嗎？為什麼？怎麼辦？

他詳細詢問我的工作與家庭，得出這樣一個結論。一九九七年二月，家父突然因為心肌梗塞辭世；不久，我辭去了工作長達二十年的媒體，轉職從事從未有經驗的創業投資。我生性好強，一人身兼數職，並且企圖將每個角色都扮演的完美無缺。我上有老父母，中有老闆老公，下有小孩正在青春期。表面上看，我的一切都很稱職，沒有人抱怨。

「但是你的身體在抗議」，醫生說。人的生理與心理是兩條平行線。白天你做好每件該做的；晚上，那些你做不了的，都反射回來了。我將信將疑的問他：「那請問醫生我要怎麼辦？」

他說，第一，你要把現在的工作減掉一半。這也太難了，我有主業、副業、兼差、兼職、還是七、八個協會的理監事，怎麼辦？不得已，從此把所有答應別人的活動都停下來，任何人找我開會，我就說沒空，抱歉。第二，你要把出差減掉三分之二。這也不容易，天知道我經常一個月有三分之二的時間都在外面，這下子只能乖乖宅在家裡。第三，你要把搭飛機的機會減到每個月一到兩次。哇，慘了。天知道我有時候一個禮拜搭飛機都不只這個數字。

最後，醫生還撂下一句話，至今我還不能忘記：這種病，一輩子都不會好的。他沒有危言聳聽。此後我的情況更趨明顯。只要開車經過即便是兩百公尺的隧道，就會感覺不對勁，甚至，只要在車內開車連續一個多小時，就會想要下車休息。這在以往，我是可以一口氣從台北開到墾丁的。不是身體累，也不是精神累，是一種說不出來的壓迫感或者是遲滯感，外人很難理解。

最嚴重的是有一天，我的佛光山弟子邀請我在國父紀念館去看一場佛光音樂會。我被安排在前排中間最好的座位上，結果演出不到二十分鐘，那種恐懼感又上來了，我的神智告訴我，一切都如此美好，沒有一點事情會發生；可是，我就是坐不住，得逃出去。只要逃出去到了外面，呼吸新鮮空氣，馬上就好。

還有，只要是在沒有窗戶的教室，或者進入地下室、停車場一類的密閉空間，那種好像要窒息的感覺，很快就會侵襲我。必須立刻離開這裡，否則我會悶死。所以，我要求講課必須在四面有窗的地方上課，否則不接課。

好在，我的症狀隨著幾種環境的改變而慢慢有了改善。首先，在二〇〇一年，我的母親、前任老闆和報館的東家，相繼離世。突然間，我好像放下了很多。家庭中的老輩走了。工作中的老闆離開了。我換成自由業，專心教書，兒子去當兵，家裡空下來了。

其次，我從家族的伊斯蘭教和後來學習敦煌結識佛緣中，最後受洗成為基督徒。一方面主持佳音電台的節目，一方面經常參加教會的活動。諸多神蹟和教誨，讓我成為一個「新造的人」。

還有，除了我長期鍛鍊敦煌養身操和慢跑幾十年之外，到了北京居住，換了環境，物轉星移，我必須在一個翻轉後的世界裡重新生活，每天走很多路，看不同的人事物，慢慢的，「舊事已過」，就會逃脫那個古老的軀殼。

如今，恐慌症可以說已經痊癒了百分之九十。不過，心理還是不能承受太多雜事和壓力。每逢有了些許難以克服的情境，我就會告訴自己「趁早」放棄；絕對不做「超人的舉措」。

近些年，我經常開課把自己的這些經歷傳授給學生；在兩岸也得到不少的反響。只不過，隨著社會的變遷，現在社會的壓力，要比我前十年所遭遇的，又要多上許多倍。因此，很多身邊的朋友病了，死了。甚至在他們去天國的時候，都不知道自己其實是被壓力逼死的。因為，幾乎所有心血管病變和癌症等等大病的前因，一定都是壓力造成的。

但願您能從這本書當中找到開啟心鎖的鑰匙。祝福您。

〈作者序〉化解職業低潮，展現陽光笑容

——石賜亮

從最基層的工讀生開始，走過了四十七年職場的歲月，在二〇一四年底完成了卸任退休。由逆境的起點走出順境，總結這段職涯的心得，覺得是「平安幸運，感恩惜福」。

工作，其實只是要盡到一個本份。當部屬的時候，除了聽從主管的指揮差遣，還會思考上司分派任務的原因，以及希望達到的成果，於是可以做到比主管原先預期更好的結果，成為主管信任和栽培的對象，得到了更多的表現與快速的升遷機會。當主管的時候，常懷著基層經驗的同理心，注重與同事之間的互動，瞭解他們的困難，給予適當的指引和協助，讓他們完成工作的目標。可能就是這個原因，儘管數十年間外在的環境存在著種種的變化，總算能夠平順的通過這些考驗，劃下完美的句點。

然而，工作和生活，難免都會承受壓力，也要不斷的接受挑戰，而且，伴隨著成長的過程，總是會有不同的困難，如影隨形。這種現象，對我們大家來說，其實機率都一樣，而跨越這些難關，最重要的就是心態。當初由逆境出發，就有心理的準備，覺得唯有解決眼前的困難，才可能跨出生存發展的道路，於是面對困境感覺很正常，遇到順境卻有一種意外的驚喜。從最基層開始工作，地

位卑微，卻能因此懷著寶貴的謙卑之心，力爭上游，於是感覺到發展的空間無限大，在成長的過程中，體驗了明天會更好的喜悅。從這些背景和過程中，產生了深刻的體會，既然我們都無法抗拒壓力和低潮，那就要有舒解能力的修煉，懂得如何逆來順受，進而轉化成逢凶化吉，轉危為安的障礙跨越。這樣，就能使每一段考驗的過程，都可以獲得新的成長，並以愉快的心情，面對每天的工作和生活，為自己創造一個精彩、豐富、快樂的人生。

保持愉快的心情，是帶來快樂生活的基本元素，除了關心自己如何經常保持心情愉快之外，為別人創造愉快的情緒，鼓舞樂觀積極的態度，也是一件好事。而保持愉快心情的前提，就是能夠化解心中的憂傷疑慮，走出身心壓力下的低潮。尤其對初進職場的新鮮人，以至於在職場上打拼一生的上班族來說，經常會承受一大堆的困擾和壓抑，如果無法獲得舒解，長期在這些陰影下鬱鬱寡歡，不僅影響健康，對生活失去興趣，甚至對人生失去了希望。

這就是寫這本書的動機，藉由目前職場上實際的案例為背景，針對發生的疑難雜症，以自己過去的經驗和體會，帶給有疑惑的上班族，一些正面的剖析和參考，希望不僅可以消除痛苦，還能轉化成新的能量，帶來愉快的心情和快樂的生活。

認識石詠琦教授超過了二十二年，當初在中華企業經理協進會一起參與社會公益服務。由於他在文化事業的工作背景，以及擔任亞洲秘書協會會長的資歷，一直從事寫作出版和講學培訓的活動，與當今的上班族維持緊密的互動和聯繫，因此搜集了最具代表性的題材，使這本書的內容具備了真實性和可參考性。

一字一句的鋪陳中體會了寫作的樂趣，如果能夠發揮讓人走出低潮鬱悶，展現新能量和陽光笑容，我們的社會必然也會因此而增添了更多歡喜心，以及促進和諧進步的元素。

step 01

職場低潮：造成工作壓力與瓶頸的原因與後果

除非到了真正退休的那一天，職場工作者不會感覺自己已經沒有肩負著重擔。即使是在企業裡擔當最微不足道的角色，上班的人只要是在每天出門的那一刻，就會充滿了要與社會競爭、環境競爭、人際競爭的準備。

於是，無論是男女老少，早上醒過來的第一個意識，就是想著今天還有哪些事情還沒有完成？還得去開哪個會？還有哪個客戶得趕快聯繫？那些問題該怎麼解決？就算最能混日子的人們，也會轉念想著，今天該怎麼混過去。

就這樣，我們從畢業後找到工作的第一天，從茫然無知的清純狀態，漸漸明白了社會的險惡，主管的無知，環境的汙穢，自己的無奈，然後掙扎著找到定位，找到目標，辛苦的耕耘，終於有一天，貴人來了，好運來了，我們得道升天。

慢慢地，我們從基層奮起，在中層受排擠後被調升，到中高層看到爾虞我詐，直到最高層成了領導。那時，自己又會發現，原來擔任龍頭老大更不容易。下層沒有可信任的人，周邊沒有可依賴的朋友，財務運作永遠出狀況，更難找到好手搭配自己的理想。

更糟糕的是，這是一條職場不歸路，只能向上走，很難走下來。這是一扇難開啟的門；進去以後，卻不知道出口在哪裡。這是一個充滿了歡樂和悲傷的舞台，上場很不容易，下台更不簡單，一切都懂，也明白了。就帶著不捨、意猶未盡、些許不甘，但卻無奈的複雜心情離開了。這就是職場，一個人花了最多時間經營，但是收穫最五味雜陳的地方。

很多人歡欣雀躍自己贏了名和利，但卻發現輸了健康和家庭；很多人慨嘆時不我予，有志未伸，但是離開之後，反而感覺諸法皆空，自由自在。唐德宗時，柳宗元被貶謫降為遠州司馬，寫下《登柳州城樓寄漳汀封連四州刺史》：

城上高樓接大荒，海天愁思正茫茫。驚風亂颭芙蓉水，密雨斜侵薜荔牆。
嶺樹重遮千里目，江流曲似九迴腸。共來百粵文身地，猶自音書滯一方。

蘇東坡一生顛沛流離，寫下著名的《念奴嬌、赤壁懷古》

大江東去，浪淘盡，千古風流人物。故壘西邊人道是，三國周郎赤壁。
亂石崩雲，驚濤裂岸，捲起千堆雪。江山如畫，一時多少豪傑。
遙想公瑾當年，小喬初嫁了，雄姿英發，羽扇綸巾，談笑間，強虜灰飛煙滅。
故國神遊，多情應笑我，早生華髮，人生如夢，一樽還酹江月。

即便是有著雄才大略或者能量十足的人，也未必就能有個讓自己得意馳騁的沙場。而且，能有這樣胸襟的文人雅士古今不多。在滿懷惆悵的職場生涯歲月裡，害慘了多少壯志未酬的、夙夜匪懈的、莫名犧牲的上班族，他們可能永遠升不了官或者總被上級掌握住，可能經常被身邊的同事暗算，可能在職場得意但感情失意，可能理想與目標永遠過高而不自知。總之，自認懷才不遇、有志未伸，冤死累死的人，就這樣的，經常把自己逼上絕路。

頭腦單純的好辦，老子不幹了，此處不留爺，自有留爺處。揮揮衣袖，不帶走一片雲彩。翩翩然瀟灑走一回，倒也不會造成自己和他人的傷害。下一個「工作」會不會更好，雖然沒有定論，只是，眼前不會受傷害。

可惜，多數人不會這樣想。大家會選擇壓力的兩個法則：『戰鬥或逃跑』（Fight or Flight）裡面的第一條：戰鬥。於是就會跟著各種教戰法則裡所說的方法，堅強地走下去，並且確信，努力一定有回報，堅持一定有出頭天。

在以下第一個真實案例裡，主人翁是個擔任企業人力資源部門的員工，因為公司剛來一個新的主管，彼此溝通不是很暢通，所以感覺力不從心，並且很焦躁。

突破工作困境◉1

工作很悶、沒精神，完全提不起勁，怎麼辦？

您現在方便嗎？我想請教您個問題：如何提升自己？突破現狀。我現在老是感覺沒有精神，提不起精神來。我在做人力方面的招聘、還有員工關係這些。我現在睡的時間不是很短，但是還是精神很差，提不起精神來，如何使自己充滿精神、充滿活力？在職業上有所提升？

另外請教您件事情：我們部門新來了主管，剛開始時跟我很談得來，最近他很少跟我說話聊天，弄得氣氛很不好，不知怎麼回事？每天一到公司就感到很壓抑，我該怎麼辦呀？

石總經理的建議

你提到如何找到提升自己，突破現狀的方法，可見你是一個精神意志力強，有上進心的人。通常，這樣的人比較有正面的人生觀，對工作和生活的態度，也經常充滿熱情而表現在積極的行為上。

然而，以現狀的描述，你顯然是處在心有餘而力不足的情況中。提不起精神有生理和心理兩個層面的因素，人體本來就有這兩方面高低差起伏周期的現象，只是嚴不嚴重，時間持續長短的問題。生活的內容包括作息、工作、學習與吃喝玩樂等休閒娛樂的活動，如果你現在提不起精神只是發生在工作場合中，那就只是工作倦怠症的問題，因為對其他的活動還是保有興緻。但如果你的情況是對所有生活的內容都失去了興趣，那就要積極的找出原因，趕緊脫離精神不振的谷底，以免拖久了形成了病態的現象。

振奮的精神和積極的態度源自於我們的心念，有如胸中之火，滿腔熱情。要啟發這股熱情之火，則要先建立一些樂觀正面的思維。一方面自發性的為自己找出提振精神的理由和方法，經過思考和整理之後，成為一種信念。一方面可以借助勵志書籍或宗教信仰，以及主動接觸有正面能量的人群或活動，讓自己的細胞活躍起來，在正向的信念獲得強化之後，馬上付諸行動，就可立即獲得改善。

人際的互動有一種磁場對應的關係，希望獲得對方熱情回應，其出發點是我們先釋出來的正面能量，對方在接受了感應之後，就會自然而然的給予反射的回報。你可以試著在每天整裝出發之前，端詳鏡中的自己所希望呈現出來的面貌表情，振奮的精神必然是目光有神，態度從容，面帶自在的笑容，親切有禮貌，散發著如陽光般的能量。這是你突破現狀，自我提升最重要的起步，希望你從這個起點開始，積極的展開另一個創新的階段。

石老師的建議

突破現狀，第一是要改變自己的壞習慣，建立好習慣。比方說喜歡偷懶、貪睡、不愛閱讀；

好習慣是：早起、早睡、多聽、少講。突破第二是，吸收他人的優點，多觀察、少批評。以上都得說到做到。先要早起早睡，把身體鍛煉好，其他才能繼續。另外，新領導來了不搭理你，有兩個原因。第一是你可能說錯話，得罪了他。第二就是有人在他背後說你的壞話。這兩個原因當中，第一個比較可能。老師建議你先別急。找機會把事情弄清楚。第一是找同事幫你問一下是否領導對你不滿；第二就是找機會接近這個領導，用你的誠意打動他。

工作久了，就會有疲乏症，還會累積一些壞習慣。自己往往不自覺，但是新領導一來就會看的清楚明白。你不妨先反覆研究一下自己是否有啥毛病，比方工作提不起興致，與同事沒有默契，不會討好長官，那這樣來個新領導，恐怕就對你不利。所以還是要先反求諸己，然後才來想對策。

心念改變，你的態度就會改變，態度改變，你的命運和機會也會跟著改變，希望你繼續加油，朝著越變越好的方向邁進！

像這樣的典型案例，在踏入工作職場的前三年，幾乎是人人都會遇到過。依照日本學者高橋憲行的分析，職場中的上班族，有十八種典型的生涯型態：

(1)超級巨星型　(2)卓越精英型　(3)勞碌命型　(4)隨波逐流型　(5)捉襟見肘型

(6)禍從口出型　(7)中興二代型　(8)外出磨練型　(9)家道中落型　(10)游龍翻身型
(11)轉業成功型　(12)一飛沖天型　(13)強棒搭檔型　(14)福星高照型　(15)暴起暴落型
(16)三心二意型　(17)強者落日型　(18)一技在身型

相信很多人比照這個分類，都會很容易聯想到自己就是「勞碌命型」或者「外出磨練型」。除非有著很好的家世背景或者靠山，或者有著非凡的技藝為常人所不能超越，多數人都會走著同樣的生涯路。

注意這位主人翁已經開始對自己的職場工作起了煩憂，開始懷疑自己是不是錯了什麼？為什麼原來與主管有說有笑的場景不見了，敏感的他開始認為主管不喜歡他，不重視他，致使他向上的熱情突然受挫。

如果你是這位主人翁的主管又如何？當我們身為基層的時候，我們往往渴望被關注、被重視，即使沒有升官發財的機會也無妨，至少每天在職場的氣氛是融洽的、是歡欣的，這種職場的感染力，有時候比長官給的嘉獎和禮物還要有價值。只是，換一個角度看，這位長官為什麼突然變了調？肯定有內在的原因。

通常，新官上任三把火。許多人都喜歡雷厲風行，拿出自己的作為來給下屬一些下馬威。這是很自然的。因為，新到職的官員，會擔心鎮不住官廳裡的「老家具」，故而會使出看家的本領：威嚴。

但是，也許這位新任長官剛上台覺得需要熟悉下屬的言行，不久之後，他自認都已經很夠了，就拿出「保持距離、以策安全」的方式做人做事，以便下屬跟自己距離太近，像是「親哥們」，那就不好辦事。

還有一種可能性是，新任長官剛來不久，對業務還不夠熟悉，在了解同事之後，第二階段就專心學習工作，不再認真把下屬的日常招呼或者寒暄當成一回事。如此之故，對於某些下屬而言，這人就好像突然變臉，不知何故了？

基於上下有階層之分，這位主人翁就感覺自己好像被冷落，而莫名生出一種恐懼或厭倦，不知所措。其實，只要是在非正式場合，或者不是辦公時間的一個機會，與上司聊聊工作以外的話題，也許很快就能解開這個猜疑。

在第二個案例裡，我們看到的實際案例還是個溝通問題，只不過主人翁想知道的是如何與同事溝通。遇見一些辦公室裡面很會談笑風生的同事，就好像自己變得很愚鈍，並且還可能自己經常答不上來，被迫選邊站，或者被冷落。

突破工作困境◉2

難與同事交談，碰到主管就說不出話，怎麼辦？

難與同事交談，碰到主管就說不出話，怎麼辦？請問，怎麼樣才能很好的和企業家這種類型的人進行很好的溝通呢！簡單的說，就是怎麼樣溝通能夠切入要害？包括有時和同事交流也是的，比如說同事一起聊得很開心的時候，你剛過來，很想加入他們的話題中來，但是發現很難融入進去，自己覺得自己是個很活潑開朗的人，不知道有的時候怎麼會突然變得那麼笨嘴拙舌的，您有好的方式嗎？或者有時和很多同事聊天，總是覺得自己說的話題他們都不感興趣，很難引起別人的興趣，但是有些同事卻能駕馭的很好，一說什麼就哄堂大笑，也蠻苦惱的。平常單獨和別人交流的時候，基本是我滔滔不絕的，我覺得反差太大了，有時自己都覺得奇怪。

石總經理的建議

良好的溝通，聆聽比表達重要。所以，首先要建議你，如何做到良好的聆聽者，尤其是面對你的上司，你的主管。而絕大多數的主管也一樣，在意的是你是否聽懂了他傳達給你的訊息，完全領會了他的意思；其次，就是你對他的報告所表達的內容和方式，是否抓住了重點，簡明扼要，讓他很快的掌握狀況。當然，這時候你的思路結構和口語的表達能力，就是讓你成為良好溝通者的完整條件。

與主管良好的溝通，你的態度很重要。在如何做好一個聆聽者來說，與主管面對面聽話時，你得有良好的準備，能夠專注並保持耐心，把自己樂於接受任務的熱情表露在肢體語言上。眼睛要有精神的目視你的主管，表情是和顏悅色的面帶自然的笑容，在適當的段落時點頭示意，表示你清楚的接受了訊息。這時後的雙手，通常是相互微握擺在前面的腰際下方，表示做好了充分的準備要接受指令。最好的習慣，是隨時帶著記事本或字條和書寫用具，把所聽到的交待事項的摘要寫下來。聽話中，切勿任意的插嘴打斷主管的講話，耐心的把話聽完。必要的時候，等到所有的訊息都接受完畢了，才開口說話把所聽到內容重點覆誦一次，如果還有些不是很了解或有疑問的地方，就得請求再詳細說明或解釋一次，直到完全弄清楚為止。這樣的對應方式，起碼已經讓你的主管放心，認為和你的溝通順暢，你已經清楚的接收了他的訊息，對你完成任務的成功率，也會產生正面的期待。而根據大多數主管的經驗，最不喜歡那些不能把話聽完，而中途插話，自作聰明揣測意思的部屬，因為絕大多數這樣的案例，都會造成誤解原意的結果。所以，做好最佳的聆聽者，就是促成主管和你之間，良好溝通的第一步。

至於對主管的報告的溝通方式，基本上你要有事先的準備，講什麼，列出重點標題順序，前因後果和輔助資料也是必備材料，這樣的準備，也會自然的幫助你具備了口條清楚的表達力。如此，就能讓主管在短暫的交談中，很快的掌握訊息資料，做出明確的判斷和指示。這時候也要習慣性的保持上述聆聽時的相同態度，同時，記事本、紙筆也都要隨身攜帶。因為在你向主管報告之後，通常還會或得一些裁示和指令，你得再度扮演良好的聆聽者，詳細的紀錄這些內容。所以，達到良好的雙向溝通，態度和準備才是重點之所在，而並非只是訓練口才，以避免在缺乏聆聽力和準備資料不足的情況下信口開河，產生不良的後果。

關於你期待能在眾人面前可以滔滔不絕、有幽默感的談話，帶給大家熱鬧歡喜的場面。這雖然是可以促進人際關係，讓人產生印象和好感的表現方式之一。但是，談話的內容主題，時間，地點，還有相處人群的默契和互動關係，在對的時間點上切入適當的談話，是你要小心觀察的細節。

由於你的資歷較淺，還有些許對事物背景的不熟悉和人群的陌生感，需要多一點時間融入群體的氣氛當中。這時候，很有可能因為搶話，或者談話內容不得體，反而帶來相反的效果。因此，建議你先以和善的態度，在人群活動中仔細聆聽和觀察，以點頭微笑做為你初期的回應，等到適當時機搞通了其間的氣氛，再嘗試慢慢的融入和發揮，是比較恰當和保守的做法。

石老師的建議

首先你要瞭解他們的個性，有些人不喜歡你說話太多，所以多言必失。可是當他希望你說話的時候，你得一句話就能說到他的心理去，所以並不容易。這是說話層次的問題，還有話題的選擇，不要隨便加入已經存在的話題，而是等大家都沒有話題，再展開新的話題。

進入一群人講話，要先觀察這個群體的層次，有幽默感的人，能夠掌握現場氣氛，因為你的層次與他們中間有距離。假使你跟一群物理學教授在一起，你會認為自己很白癡，因為他們基本上談什麼你都插不上。所以好的口才並不是要滔滔不絕 而是一開口大家就會覺得你說的很有道理或是很有趣味、很有知識性。

至於有什麼辦法培養這種在眾人面前說話同樣能夠引起別人的興趣，或是產生共鳴，你可以學公眾演講的技巧，類似卡內基的訓練，或者參加一些社團培養經驗‧要記得培養自己的學識，我在以前寫過一篇類似的文章『上班族如何培養口才』可以參考一下。

身為現代上班族，缺少口才及文筆都是缺陷。因為，說和寫的能力乃是組織力的表現，也是未來具以發展自我的基礎。特別是現代組織扁平，層級不多，個人無法隱藏自己，而且愈是新生代愈懂得自我表現，未能及時發掘自我，愈缺乏上下溝通的條件，個人無形中也就在組織中逐漸失去競爭力。

口才並不是天生的，是不斷訓練及培養的結果，也是歲月累積的成就。聲音可以訓練，也必須不斷矯正，才可能有更好的傳達效果。每個人講話都有或多或少的口語病，自己難以發現，如果能用答錄機錄下來自己講話的內容及過程，就可以輕易的瞭解自己問題的所在。在學校或社團中參與服務是最佳的開始，尤其是像卡內基人際關係或救國團的義工訓練，絕對給自己許多磨練的機會，

可以讓自己更加有自信，甚至重新塑造自我。

在公司組織內部，也可以創造許多機會磨練口才。首先可以學習的是：介紹自己。

介紹自己的過程比較簡單，因為個人對自己的瞭解畢竟比較充分。不過，有許多人在短短五分鐘內，就能夠把自己的特點突顯出來，而有些人只能說：大家好，我的名字是XXX，今年X歲，就讀於X學校X年級，謝謝！這樣的介紹，有和沒有差不多，所以要先想想，如何能在短短幾分鐘內，給聽眾深刻的印象，必須加上一些巧思，例如自己長得很胖，就可以說：我是小象隊五號明星等等，博君一璨，也能加強別人更深刻的印象。口頭介紹與寫自傳不同，自傳是資料愈豐富愈好，而「自我介紹」是找到特色，加以發揮，有點無中生有，加油添醋的味道。

第二步是，介紹組織。每個人都應該為了自己的工作單位而努力，所以瞭解這個組織就是自己的責任；對外賓接待若能常讓你有機會介紹自己工作的場所、組織及產品等等，也無形中就會增加大家對你及公司的瞭解與認知。

介紹組織前，要先把公司的簡介用心看一遍。然後再加上自己的瞭解及體會，並且要運用自己的語氣及熟悉的語言，才能說的清楚動聽。要知道簡介自己的公司及產品，對聽眾來說，可能只是一種很無聊而又聽不懂的事，所以你的挑戰就是讓別人不僅聽得懂、而且非常有興趣，這一點你可以從他們的表情及發問與否來看，如果大家問題很多，就表示你成功的吸引住他們的注意力，你可以輕鬆愉快的過這一關了。

第三關是，練習介紹別人。例如在公開場所或公司內部的活動裡，你要介紹你的同事、主管、或朋友，你要怎麼開口。這其中還包括已經認識的或是素昧平生的，你如何以活潑生動的語氣，使聽眾迅速瞭解而且喜歡認識這個人，這就涉及你事前的準備及充份的思考。

介紹別人最難的是：正確的評價。如何去引用一些形容詞界定一個人，非常不容易。譬如說，這個人是剛愎自用的人，你要怎麼很巧妙的跳過這個字眼而讓人瞭解他的個性。這個人若是個性圓融，溫文儒雅，你又如何找到這樣的字眼來形容他？所以，要正確選擇「描述性」的語言很難，這其中又要加上你的評斷，而又不失真就更不簡單了。到了這一階段，就真需要一點智慧及口才交替運用才行。

下一個練習是，介紹產品。到這個步驟，你可能可以做個公關專員了。因為，凡是介紹產品之前，總免不了要先介紹自己及公司，所以，介紹產品可就是更上一層樓。

介紹產品的目的首要當然是要吸引別人注意，進而買你介紹的東西。可是，千萬別忘了，產品本身不一定是毫無瑕疵，或者是聽眾都懂的。例如你介紹的是一種晶片或一種連結器，或許說破嘴別人還是不知所以然，這時就得配合手勢、圖片、實物、例證等等，讓人先很快的懂了，才能再談下去。而如果什麼都沒有，也能讓人憑空想像，那就更神奇了。到達這一階段，你可能就會「妙筆生花」、「舌粲蓮花」的令人目眩神怡。

如果公司內部經常舉辦活動，像是慶生會、旅遊、讀書會等，會使這家公司的員工變得活潑有創意，也有很好的機會訓練口才。這時我們會發現許多意見領袖會產生。不過，會開口的好像永遠就是那幾個，這也就會阻礙了那些沉默的大眾永遠欠缺練習自我、開發自我的機會。主管因此要留意推動讓你有機會上臺，這樣口才才能大幅提升。

每個人都在學習中成長，觀察力也是一種成長的內涵。你具備了希望好好發揮所長的動機，但不能操之過急。而細心的停、聽、看的觀察力，將使你經過這段學習之後，獲得更穩健和成熟的發揮。

職場裡的寡言族，通常被掛上一個「宅」字。也許，有些人真的有社交恐懼症，對於陌生人不知所措。不過多數人在自己的同事當中不知道如何加入話題，那就可能是「溝通低能兒」了。

是不是能與同事打成一片，表面上與自己的前途沒有多大關係，不過，被人當作是牆角裡「沉默的大眾」，久而久之就會對自己失去了自信，覺得自己不受歡迎，失去了群組和聚焦的光環。

《卡內基溝通與人際關係》是歷史上最暢銷的書之一，原因就是作者能夠幫助職場上的人群如何與人相處。自從卡內基在一九一二年開啟著名的卡內基訓練，全世界有八十六個國家具有分支機構，其主要的學習目標，就包括：(1)提升自信。(2)學習融洽的人際關係。(3)學習良好的溝通能力。(4)學習正向積極的處理壓力。(5)學習卓越的領導能力。

在卡內基的三十條良好溝通與人際關係原則當中，「多談他人感興趣的話題」與「讓你的觀點富有創意」是極為關鍵的起點。多數人從群體聊天中退卻，原因多半是「不喜歡他們的觀點」、「討厭這些人」、「聽不懂他們在說什麼」、「覺得自己很自卑」等等。一旦第一次離開了同事的群聚，此後自己往往就不再受他人的重視，也不願意自己屈就在這個團體中。

直到有一天，就像這個主人翁一樣，單獨交流都很好，公眾講話就很差。

卡耐基的名言，這樣說：「一個人事業上的成功，只有百分之十五是由於他的專業技術，另外的百分之八十五要依賴人際關係、處世技巧。軟與硬是相對而言的。專業的技術是硬本領，善於處理人際關係的交際本領則是軟本領。冷靜分析過去的錯誤，設法從中獲益，再忘掉它，這是唯一讓過去有建設性意義的做法。」

只要能及早發現自己的缺點，想辦法學習克服它，人際關係就會從溝通這一刻變得雨過天晴，而後上班族就會成為團隊裡的一個「良民」，逐漸擺脫了自己認為是個網羅的灰暗。

第三個真實案例，主人翁是個喜歡觀察和發明的人。如果細心看職場，會發現真的有許多DISC測驗中的「孔雀」，這些人喜歡管閒事，有創意，不過是不是都能把自己所提供的想法和見解，讓大家都接納，就很難說。

突破工作困境◉3

創新卻有志難伸，有點子卻實踐不了，怎麼辦？

創新卻有志難伸，有點子卻實踐不了，怎麼辦？我是一個很注意觀察生活的人，平時也有很多創新型的想法。對周圍的商品有很多的改進方法，但是不知道從何下手，就是只有想法無法實踐。這樣吧，我說一個例子：比如說我經常在使用什麼東西覺得不方便時就會有「如果…的話就好了」，然後我一般不會放棄這個想法，而會順著這個想下去，就有一些對這個商品的改良方案。我是指一些創新式的思維想法，是商品的自身功能方面。

舉個例子說我這裡蚊子特別多。有一天我在洗澡時就突然想到為什麼市面上的沐浴乳都沒有驅蚊的效果，然後我看了香水上的配方以及驅蚊時間，覺得完全可以把他們綜合起來推出驅蚊型的沐浴露。類似的想法我挺多的，經常找生活中不如意的方面做改良措施。但是我只是想到，卻沒法實踐。

石總經理的建議

能夠有觀察改進，創新點子的想法，是一項難得的優點。這種優點跟愛迪生一樣，創造了很多的發明，造福了人類社會。可惜你不是愛迪生，沒有鍥而不捨的研究發展、不斷實驗的落實精神。如果你沒有辦法調整自己，將想法付諸行動力，就只得平凡的度過一生，甚至於因為太多異想天開的想法，讓自己變成思想怪異的人。

創新發明的最大貢獻，是促使人類生活品質的不斷提升。一般來說，創新發明者幾乎都具有異想天開的基因。但是他們把構想付諸實踐，並且通過了漫長的、無數次的測試和考驗，甚至投入難以估計的心血和成本，才能實現最終的理想。然而，一旦實現了創新發明的結果，往往都能為廣大的人類社會帶來福祉。而創新的技術或商品，也能受到專利與品牌商標等智慧財產權的保護，為自己創造了可觀的財富。這些例子，就是你應該追求的目標。

任何事情只想不做，與做白日夢、胡思亂想沒有兩樣，終究一事無成。因此，你目前的解決之道，除了實踐落實一途之外沒有其他的良方，建議你以下列的步驟方式，讓自己腳踏實地的做到美夢成真：

(1)再深入一點的把腦子裡想到的創新想法，清清楚楚的寫下來，並做出可行性評估的執行計劃，做為你實踐上的根據。這些內容，會讓你建設逐步推動的心理準備，使你走出原先只能停留在空想的階段，朝向理想目標推進一步。

(2)不要怕失敗挫折，要有不斷長期試驗的心理準備。新技術、新產品，能夠一次就研發成功的機會，是千載難逢的幸運，少之又少，不得有心存僥倖的期待。絕大部份，都要經過無數次的失敗和測試的過程，在挫折中改進，遠比你的想像要困難許多。但是沒有經過這個過程，就永遠不會有成果的產生。

(3)對於將來的創意產品的功能、使用方法等，也都要對使用者進行使用習慣與期望的調查，詳細檢視一下你的原創作品，是否符合需求?可否引領潮流?以做為是否需要做出調整修正的參考。

(4)至於製造技術也一樣，得考慮製程、配方、設備、環保、通過有關的檢測認證，以及成本效益評估等。搞通這些，你的路程才能繼續通過下一半，而順利的完成全程的目標。

(5)考慮一下與其他夥伴的互補結合。所有事情要一肩扛下，獨立完成，也許本身的資源、能力與時間成本等，都會面臨極限的限制。在此情況下，找到可以互補的夥伴，達到事半功倍，加速進度，讓落實成為可能。雖然是與人分享，但前提是共同創造，比如你找到行動執行力強的人，或者是有製造技術背景資源的人，彌補你的不足，做為你的後盾，這樣就可能在共同合作之下，完成許多創新產品。不但有機會讓你築夢踏實，美夢成真，也可因此幫助你在未來實現更多更新的創作。

石老師的建議

你想改變什麼呢？改變環境，改變別人，改變商品。無論改變什麼都需要不同的管理知識和手段。比方說，平日物品需要分類，確定哪些是需要的、不需要的；常用、不常用的，然後丟掉不要的，收掉不常用的，這就叫做管理。把相同的類別放在一起，集中處理。商品的擺設需要創意，如果是功能的改變，就更簡單了。

你有創意想發明東西，我可以告訴你為什麼行不通？沐浴精屬於衛生用品；驅蚊香水是屬於藥品，這兩種商品不能在同一個申請單位應用。特別是有治療性質的商品，世界各國都管制的。在化學原料和製作過程應該是沒有問題的，人類很容易克服這種問題。但是商品出現之後，會需要商品化，意思就是需要能夠銷售，你的這個提議當然可以，可是很多發明都有行銷的困難。

你的問題就是我老公的問題，他是個發明家，有很多專利的產品，但是沒有辦法商品化。原因就是光是想出個點子，但是無法使用都不行。你要想想看一種東西成型以後就必須能賣能賺錢，否則就不是好產品，不值得開發。也就是你的想法雖然不錯，可是卻不實用。

信心和決心都會產生力量，只有行動力才能將你帶往成功。當我年輕的時候也有很多像你一樣的想法，我還寫信到美國，但是現在才知道要能商品化很不容易，否則公司為什麼要有那麼多的研究發展人員。每個大公司都有那麼多的研發專業，他們專業發展事業發明，一定知道問題在哪裡，原因在於這是不成熟的概念，不算是新發明，發明必須要有科學的認證，而不是自己的需要。比方說，要能提供說明書摘要、特徵、技術領域、才能更實際。

有時候，自己的好意和創意，在企業不受重視的原因，是因為你的點子踩到別人的利益；或者是給其他人添了麻煩。這些不成熟的建議，並不代表自己是「不受重視」或者「耕耘無益」。所想要創新的建議，也得符合當局的想法和可以推動的程度。時機，也是一個必要的考量。

為了職場工作的每一天，上班族像螞蟻一般的辛勤勞作，卻往往得到的回報是自己想像不到的挫折。面對這些問題，如果不能及時開脫，找到解藥，很容易就會成為職場低潮的來由，如何面對各種問題，迎刃而解，在以後的各篇章當中，我們會逐一探討和提出客觀的方法來面對。

step 02

又愛、又怕受傷害：職場的人際關係與破解

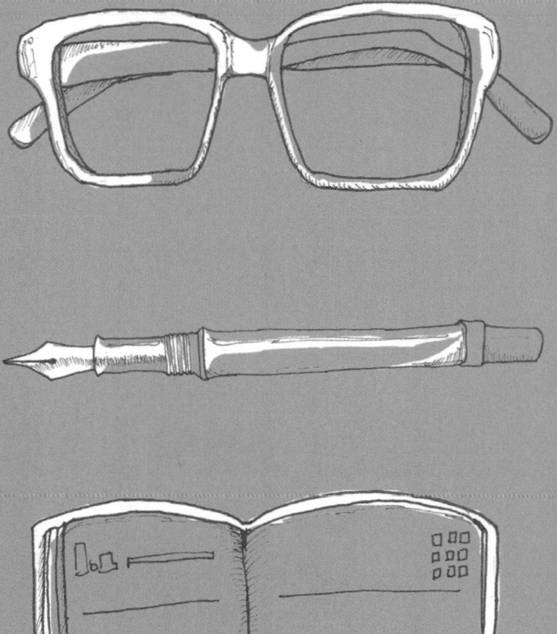

為什麼人類要進入職場呢？對於這個問題，我們總認為是為了賺錢。但是專家的分析結果，可並不是這麼單純。美國著名的生涯規劃師 Elwood N.Chapman，早在一九九六年與其共同作者 Pamela J.Conrad 的《生涯之路》裡，就分析了這個議題。並且對於人類想要去上班，找到了十個理由：

(1)高收入　(2)名望　(3)獨立性　(4)幫助他人　(5)安定性
(6)多樣性　(7)領導力　(8)休閒　(9)有興趣　(10)早日入行

換句話說，當我們在畢業要踏入社會的時候，每個人的心情很複雜，其實都是不一樣的。用現代的話來說，期待值不同。面對自己的價值澄清，很少人真正的做過。

如果你在街上找到一個正要去上班的人，問他：請問您為什麼要去工作？可能對方會目瞪口呆的看你說：「上班賺錢！」但是，如果這是個中年人正在趕路，他的答案可能是，別吵，我要去簽到。而如果你看到一個衣冠楚楚，搭著雙 B 轎車的白領，他可能會很有禮貌的說：「我正在追求另一個事業的高峰。」

因此，我們有了著名的馬斯洛需求論（Need-hierarchy theory by Araham Harold Maslow），把人類的需求劃分為五個層次，後來在晚年又追加了一個，成為六個，由下到上分別是：

(1)生理需求：例如，食物、水、空氣、性慾、健康。

(2)安全需求：例如，人身安全、生活穩定以及免遭痛苦、威脅或疾病、錢。

(3)社交需求：例如，對友誼、愛情以及隸屬關係的需求。

(4)尊重需求：例如，成就、名聲、地位和晉升機會。既包括對成就或自我價值的個人感覺，也包括他人對自己的認可與尊重。

(5)自我實現需求：例如，對於真善美至高人生境界獲得的需求，發揮潛能。

(6)超自我實現：例如，當一個人的心理狀態充分的滿足了自我實現的需求時，所出現短暫的「高峰體驗」，通常都是在執行一件事情時，或是完成一件事情時，才能深刻體驗到的感覺。

由於年齡和社會環境的變化，人類所追求的價值會逐漸改觀。也許有些人始終達不到最高成就已經陣亡；但也許有的人在年紀輕輕就已經非常成熟，到達一個超自我實現的「喜樂」狀態。特別是那些優秀的奧運選手，充滿創意的藝術家，像莫札特一樣的天才音樂作曲家，和舞台上的演員等等，他們的工作可能從零，一下子就跳到了一百。

二〇一四年七月二十六日，日本天才鋼琴家辻井伸行，舉辦「辻井伸行臺北鋼琴獨奏會」。媒體報導，辻井伸行天生罹患小眼球症導致全盲，但身體的限制沒有阻礙他追求音樂的理想。二歲時他聽到母親隨口哼唱《Jingle Bells》，馬上在玩具鋼琴上彈奏出旋律，展現過人的天份；四歲正式開始學習鋼琴；七歲就贏得全日盲人學生音樂比賽冠軍。

他是首位奪得「世界難度最高三大鋼琴比賽」名號的範克萊本鋼琴大賽冠軍。十歲時首度與管弦樂團同台，十二歲便在東京三多利音樂廳的演奏廳舉行個人首次獨奏會，並於同年登上紐約卡內基威爾演奏廳。二〇〇五年，十六歲的他參加第十五屆蕭邦國際鋼琴大賽，勇闖準決賽，獲頒評審特別獎。

由於是全盲，這位鋼琴家的學習完全依靠聽力，運用一隻手讀點字譜、另一隻手彈奏的方式練習，用驚人的記憶力和旁人大聲讀出譜上的表情記號融會所有樂譜指示；演出時則傾聽指揮的呼吸與喘息得到提示，再靠著撫摸鍵盤邊緣確認琴鍵的位置，然後開始彈奏。

他的故事鼓舞了無數人，讓人欣喜落淚。然而，並非每個人都有他的幸運與不幸，茫茫人海中的多數人，在紅塵滾滾中，從第一天求職面試開始，就充滿了期待與不安，對於工作是：又愛，又怕受傷害。

愛的原因，是渴望在工作中滿足自己的價值觀和人生的理想；傷害的原因，則多半不是工作技能不足，而是周遭的環境不能配合，特別是「人際關係」。

以下這個真實案例的主人翁，有個非常普遍，但是卻很少人提問的兩難：到底應該在自己不擅長的地方奮鬥，來彌補自己的缺陷？還是應該在自己擅長的地方發展？相信很多畢業生都有這個問號。明明在學校讀的是機械，但是自己始終就不想去工廠上班；明明自己學醫，卻喜歡拉小提琴。應該遷就自己的專長？還是自己的興趣？是個千古的難題。

突破工作困境◉4

職場耳語困擾，對自己擅長的事又沒把握，怎麼辦？

有個問題想請教一下。這個問題是：我應該在自己不擅長的地方奮鬥，來彌補自己的缺陷？還是應該在自己擅長的地方發展？

因為我不是個很擅長揣摩人的心思和想法的人。辦公室有另外一個女孩子經常過來提醒我，這樣做不對，誰誰誰會不開心，或者已經有意見了，經常我自己都渾然不覺。我不懂人的心思，可能就會阻礙以後的發展。我們部門最近架構變動比較大，我的本職工作倒不完全是助理，只是因為部門女孩少，兼做助理的工作，我老闆跟他的老闆關係不好，他的老闆有時候會找我做事，也跟我老闆提過好幾次要我支援他，我老闆都拒絕了，這次我老闆走了，他接下來可能會找我做事，而且現在還有其他的跟我老闆一個級別的人會要求我，但是這樣一來真是事情太多了，所以我昨天就拒絕了，結果人家就生氣了。

我記得老師在上課的時候提過老師的一個助理，那個助理總是大大咧咧，但是老師每次交給他的事情，總能完成的很好，讓他拉個贊助，他總說沒問題。我有時候覺得自己也有點像他，因為不管什麼事情，只要交給我了，我總可以想到辦法去完成，但是很細膩的去揣摩一些事情，我倒真有些不會。

石總經理的建議

一心一意只想在自己擅長的地方發展，是個理想，有這樣的境遇和發展的機會，當然最好。但往往現實的環境，無法讓人隨心所欲。如果你不想陷入懷才不遇的困境，或者使自己的發展受到限制，除了不斷強化你的擅長之處之外，就要懂得如何將自己的缺陷補強，這是一項邁向成功之路的重要修煉，也就是調適和成長的功夫。

辦公室裡有別的部門的同事經常來提醒你什麼地方不對盤，或許是好管閒事，也可能是出於糾正的善意。聽了這些話之後先反省一下，如果可以改進使自己變得更好，就不妨修正強化一下，使自己更進步。如果只是錯誤觀點的閒言閒語，那就一笑置之，謝謝指教，修煉涵養的功夫。畢竟，這面自己看不到的鏡子，也可以幫你不至於陷入當局者迷的情境，最好用正面的態度去面對它，處理它。

至於別的部門的主管希望你能幫忙做事，要看在什麼樣的情況下，如何做出適當的處理，有以下的幾種狀況可供你參考：

(1)你本身的工作量已經滿檔，實在沒有多餘的時間和精力再負荷額外的工作時，這時候無法支援別的部門工作，是合情合理的事，不必擔心人家生不生氣的問題。

(2)以常情來看，一般跨部門的工作分派，應該先透過上級主管的溝通協調，只要是主管同意了，你就要接受這種調派協助的工作。

(3)以現況來說，你的部門老闆離職了，是否有代理的主管，或者有更高層的老闆，你可以請別部門的主管先透過與上層主管的溝通，來決定安排你是否應該給予他們的部門支援。你將聽命行事，不必擔心得不得罪人的問題。

(4)回想一下當你這次拒絕別人的時候，是否正處在工作中比較悠閒的情況？以常理推斷，別人看上你找你幫忙有兩種可能：一是您閒有空，二是欣賞你的能力。但不論怎麼說，還是透過上級主管的溝通調派比較正式，你可以經由這樣的說明獲得對方的諒解，比起直接回絕人家來得恰當。

(5)一般來說，一個人是否有長進，要看這個人的視野胸襟。以你現在的處境為例，就應該把一些看法和想法拉高到上級主管位階的層次，才可以得到一個比較得體的認知和因應的態度。對你來說，當然是個考驗，只要不斷的通過這些考驗，你將會得到比別人更大更快的成長。

從你敘述的內容來看，你的優點特質是能力好、工作專注、執行力強。這些雖然都是讓你出人頭地，邁向成功的基本條件，但所謂天時、地利、人和，缺一不可。如果能夠加上更圓融的人際關係，將會增強你的人際磁場，大大的彌補你自認不足的缺口，對你的工作績效的提升，和未來的升遷發展，都可以產生積極的催化作用。

石老師的建議

工作只要是在自己有興趣的地方發展，就自然會學習新方法和新技能。所以，你要先確認，自己是否真的對目前這件工作充滿了熱情。如果是的話，你很快就能調整自己。人無完人。每個人都有缺點。比方我，從前是一個非常稱職的秘書，但是我的缺點是忘性大。什麼事很容易就忘記。見到人，忘記名字，甚至連一些部門主管的名字也會忘記他是誰？

所以，我就用一套方法來補強。多用記事本，多寫下來。養成記錄的好習慣。懂得看人心思。必須很細心。有發掘事情的能力。養成主動積極的習慣。愛管閒事。看上面的例子，你並沒有錯。是他們錯，或者說是，發話的這人錯。因為，有需求，就應當伸出援手。這在職場工作中是必須的。如果其他的人不爽，那不是你的問題。其他的看法如下：

第一，對於女同事，只不過是要你幫忙做點分外的事，你幫了。你的內心沒有不良的動機，是很自然的事，所以沒錯。

第二，有的事是公事，但也可能是私事，半公半私的事情，往往是三不管地帶。但是總要有熱心腸的人來幫助。就你同事的立場，他一定充滿了感激。因為你並沒有存私心。

第三，這件事只是舉手之勞而已，你又不是從中取利，沒有必要遺憾或者沮喪。你做的很對。所以，他人的毀譽，是很正常的。你可以想一下，自己的動機是什麼。如果沒有存心不良，只是他人有意見。那就一笑置之。

總結一句話，你的身邊有很多碎嘴子，這很正常。他們不是真心提醒你，多半是看你年輕，資歷淺，所謂善意，還是嫉妒，這也正常。職場裡面，經常是大欺小，強淩弱，你就照做，就當多學點，不要介意。你一定是個聰明伶俐的人，又很好說話，所以大家都想要你幫忙。你就記住，對事不對人，事情只要是公事，就幫到底，即使加班也幫。

如果年輕的想有事業心，想提升，就必須過這一關：吃得苦中苦，才能人上人。即使是英雄，也要能屈能伸。我相信這些事，很快就會過去。你不要就此否定了現在的工作對你不適合。你想想，如果真的做的不好，怎麼會遭忌妒呢？肯定自己，你不是不會做人，而是不會見風轉舵。繼續保持自己的優點，修補自己的缺點。「種好梧桐樹，不愁引不來金鳳凰」、「是金子，就會發光」。隨時肯定自己，認定自己是金鳳凰，不是一隻只會呱呱叫的鴨子。

「不會做人」與前一章的「不會說話」，好像成了職場的大忌。可是，當我們在學校裡，老師好像從來就沒有這樣對我們教導過。老師們總是說，只要出了校門，你們就可以海闊天空，成功只是早晚的事。

只是，也不過剛剛進入工作間沒有幾個月，許多人就會被「老闆」、「同事」和「客戶」這個三角圈子搞得七葷八素，還有的會暗自垂淚到天明，甚至於晚上不能入眠。然而，有的職場裡，不但是「小鬼難纏」，「閻王」也不好惹，以下這個真實的案例，就是一位年輕人還沒有正式上班，老闆就要他當「黑臉」。要他把下屬的「情報」一五一十的按時稟報。這樣的工作，無疑就是一個火坑。

突破工作困境◉5

老闆看重，卻要我當同事的間諜，怎麼辦？

我現在有點迷茫。我現在是在一家上市公司擔任接待和服務。我又找了一份新工作，叫做生產計畫員，相當於經理助理，是個五百人的工廠。老總面試我的時候突然問我，能喝酒嗎？這個小工廠主要和日本人打交道。我們這裡是個小城市薪水少。我迷茫了，不知道選擇那個了。小工廠只有養老保險金，工資試用期三個月，正式聘用後高一點。老闆說，你這個人給我的第一印象是聰明。你要把你的本職工作幹好，另外做我的情報員，這兩樣你幹的好，我會讓你滿意。後面這個機會是個鍛煉人的工作；上市公司裡面有著一般性的工作，這兩個那個比較好呢？老闆是一直誇我聰明，也不知道他看中我那一點。關於工作，責任，待遇他跟我談了兩個小時。他讓我做好本職工作的同時，隨時發現廠裡面出現的問題，報告給他，做他的間諜。他說，我也可以指出我的上司經理的不對，我有點為難？為他立下汗馬功勞的人，還要被別人指錯，我這樣的奸細他將來可能重用我嗎？

石總經理的建議

人往高處爬，你現在找新工作的動機，不外乎是希望得到更好的待遇，或者是更好的升遷發展的機會。但是以你現在所提到的這一份新工作而言，有一些情況不太合乎常理，也有一些思考上的盲點，把這些觀察做出以下的歸納給你參考：

(1)把能不能喝酒應酬做為聘用的條件之一，是比較奇怪的現象。而新工作的職務是生產計畫員，和業務推廣或客戶交際的關聯性也不太符合常態。如果你答應或者默許接受這樣的工作安排，將來自己在身心的負荷上能否承擔這樣的任務，是你自己事先要仔細思考慮清楚的問題。

(2)還有一個附帶條件是間諜情報員的工作，顯然的，這個工作環境中已經存在著矛盾和不信任的問題。雖然，在幾百人工作的場合當中，難免有互相的猜忌或者衝突的情況，但是一般正規的領導方法，應該是化干戈為玉帛，以開誠佈公的方式來解決不和諧的問題。其次，是把這種放眼線監控的工作，交付在一個新進的員工身上，這是很不尋常的現象，很可能讓你陷入漩渦，也可能是個犧牲打。

(3)至於待遇的問題，應該是包括所有的福利措施，以及公司制度上規定的保險，退休金等的總合，不只是表面上的月薪多少。更何況，你現在的數字，也不是很明確，浮動的範圍太大，不確定因素存在著很多變數。

(4)對於在私人企業或上市公司工作，那一個比較好的問題。私人企業麻雀雖小，卻是五臟俱全，可以學習鍛鍊的機會很廣泛，很多大企業也是經由中小企業成長的階段，只要你卡位得早，工作表現敬業優異，就可能獲得很好的升遷發展的機會。但在上市公司工作，也有規模較大，基礎比較穩固，各項福利制度較為健全的優勢。雖然分工較細，可能只能分配到一般性的工作，但是仍然是處在大規模的環境裡面，可以觀摩到組織運作的現象，只要是負責盡職的完成每一項分派的任務，自然的也會得到理想的發展機會。所以，只要你根據個人的專長與趣，選擇了職場上的定位之後，不論是在那種規模或那一類型的工作崗位上，唯有認真專注的投入工作的表現，才能創造出職涯上的傑出成果。

(5)事實上，機會是隨時隨地存在的，就以你目前在一家上市公司的工作而言，擔任前台接待和服務員。一般來說，前台接待就是公司的門面，對公司的對外形象是非常重要的，通常選擇人選需要有親切感，禮儀、氣質高雅，反應敏銳，甚至還同時兼任總機接傳電話的工作。這類型的工作每天可以和來訪或來電的客戶貴賓，以及企業高層的主管見面和通話。如果你的表現稱職良好，或者受到客戶貴賓的誇獎，很快的就會受到上層的注目和賞賜，比其他的部門同事更容易獲得升遷拔擢的機會。所以說，只要保持盡心盡力做好每一個工作的角色，在什麼地方都是好的人才，一定會有好的成長，而不必擔心受到埋沒。

迷茫是看不清全貌而舉棋不定，難以取捨，希望以上的說明帶給你較清楚的思維，增強信心和定力，踏出穩健的下一步。

石老師的建議

就看你的個性是保守還是積極，錢不是關鍵。保守穩定當然選一般性，還希望將來有前途就選鍛煉人的事兒。又想有發展，又想求穩定，那就糾結了。你二十四歲又還沒結婚，應該考慮未來那一半的想法。他如果認為你將來做賢妻良母，還是事業心強的女人，這也要考慮的。

想掙錢養家、共同支付房貸買房，這是人之常情。能夠自力更生的賢妻良母，那就是保守型的，穩定是你們的共同理想。工資是給責任的，錢多責任重，錢少責任輕。說你聰明的老闆打算重用你，但是責任會重。你這單位真可怕，一聽就有問題。剛來兩天老闆憑什麼這麼信任你，還是他對誰都不信任？為了錢可以不要信任。

三思而後行。既然是剛才入行，可不要立刻就掉入火坑。為了錢雖然可以犧牲一點，可是真的陷進去，想跳出來可就難了。

對於剛入社會，涉世不深的年輕人來說，能有一份待遇比以前好，職務比以前高，老闆又看似很挺你的崗位，真的也是求之不得的。但是第六感告訴主人翁，這裡面可能「有詐」。怎麼辦？到底要先拿到多一點的錢比較重要，還是要寧缺勿濫比教重要，真的是「妾身千萬難」。

二〇〇五年六月《商業週刊》第九一六期的文章中指出，職場上努力工作只是匹好馬，但選對方向才會是黑馬。《時代》雜誌曾選出二十世紀最偉大的商業人物，他們的共同特色是，在成功前都不被看好，獨自在冷門領域裡深耕，終於有一天把冷灶熱燒。

文章中舉了幾個鮮活的例子。三十八歲的齊云，是個花藝師。「連泰國皇室的喜宴與印尼國宴都由他包辦」，男士學插花，看來不倫不類，可是他卻做得有聲有色，是台灣唯一能拿到「稀有顏色牡丹」的花藝師，成為「花藝狀元」。二十四歲時的廖祿立，第一名畢業於大同工學院，跟岳父借錢去製作「喇叭」，如今全世界前五大手機廠的「揚聲器」都是他的客戶。

為了自己的興趣而打拼，不惜犧牲一切代價的成功者，畢竟還是少之又少。著名的作家艾登・

菲爾伯茲曾經說過：我們總是認為別人的工作比我們輕鬆簡單，這實在是很奇怪的一件事，並且別人做的越好，在我們看起來越是輕鬆簡單。所以當我們讀到某人成功的故事，我們都會說，這個人運氣真好。

相反的，當我們遇到了困難險境，我們總會說，今天我的運氣怎麼這麼糟，手氣太背了。甚至還有人懷疑自己該去算算命，看看風水，是不是座位錯了，或者與老闆同事八字不合？否則怎麼會好事總是輪不到我頭上？

以下這個真實案例，就是基層員工剛進生產廠房工作不久，就發現四周的人，好像都拿著有色的眼睛看著他這個新手。為了討好這批「老手」主人翁甚至還動了小腦筋，餽贈一點小禮物，或者邀約一起出去玩玩。只可惜，四周的人一點也不「受惠」，繼續給他「冷屁股」。

突破工作困境◉6

被同事隔絕排擠，無法融入團隊，怎麼辦？

在機械廠工作，我們這個部門女生很少，這裡一共只有五個，我是最後一個進廠的，他們最少比我大兩歲，我是想好好和他們相處。他們經常湊到一個屋裡小聲低估，開始我不去，後來也想融進去。但是我一接近，他們就不說了，弄得好尷尬。我也知道不會很快就關係很好，我想好好溝通就可以了。給他們帶過面膜，中午找她們玩，但是還是很彆扭。老師，你說和同事應該保持什麼樣的距離最好？我感覺處理人事關係我不是很擅長，也找過他們逛街，都說沒時間。

石總經理的建議

人際關係本來就是由生疏、熟悉、互相信賴、才進入融為一體的階段。絕大多數的工作環境都有類似的現象，這只是個常態的情境，所以應該以平常心看待。通常在陌生、不了解的情況之下，就容易產生猜忌和誤會。很多新成立的團隊，甚至於還要經過彼此意見分歧，磨擦衝突，關係急凍，漸漸回溫，接納異己，了解認同，形成共識而產生高度默契的磨合過程。所以，當你了解這種事情需要時間，加上正面的態度去營造的互動溫度，就不會有疑神疑鬼的心理，無謂的造成不安的心靈。

有些新人無法認清這個現實，以為被隔絕排擠，自認為不受歡迎，而採取保持距離的孤立態度。如此反而拉長了疏離的時間，甚至於始終無法成為融合團隊中的一份子，一直處在尷尬的人際關係中，對自己，對團隊，都不是個理想的情況。

與人為善是增進人際關係最基本的態度，從自己的善意出發，有溫暖，有熱情。保持笑容，待人接物親切有禮，態度積極和善，熱於助人，肯多付心力配合團隊做事，就是營造自己人際磁場的能源之所在。這種善意的態度來自於你的心念，日積月累下來，就會獲得溫情友誼的回應，自然而然的也就成為受歡迎的人物，融入氣氛和諧的團隊之中。

將來，你自己也會成為團隊中資歷較深的一員。有了這段經驗，基於同理心，當有一天面對著新人報到和適應階段，能夠多給他們一些關懷和鼓勵，讓他們快速順利的融入和諧的團隊。這也將是你在這段經驗中，心智成長的體會，所產生的另一個善心助人的貢獻。

石老師的建議

進入職場的新鮮人，經常會感覺四周的氣氛怪怪的。好像大家都抱著一個看你笑話的心情來相處，如果你的職務地位高些，還有人來刻意巴結，但背後就捅你一把，這是很正常的。商場如戰場，在某一個角度上說，每個機會和職務都可能有潛在的競爭對手。

沒關係，剛來的人大家都不信任，這是正常的，感覺很排斥你，主要是你可能在許多事情上看來有優勢，比方說，長的較好，地位較高，學歷不凡，薪資超越，老闆眼前的紅人等等。這些在其他人眼裡(特別是女人)，一定會造成某種程度的優越感，或許你自己不感覺，但四周的人一開始就會想要排斥你。

專心工作，不必顧忌這些人的眼光或者刻意去討好大家。保持微笑也保持距離在職場中是很重要的。慢慢找機會，請他們吃飯、唱歌，讓他們瞭解你的內在。但也不要預設立場，疑心生暗鬼，整天看到人家搞小圈圈，自己也想跳進去，那是很不值得的。真心待人，日久見人心，千萬別急。

我們有理由相信，當這個主人翁拿著相贈的面膜，走到這些大姊身邊，而對方斥之以鼻的那一刻，他肯定幹不了多久就打算「不如歸去」，並且在每天回家的途中，都會照著鏡子說，我有那麼難看嗎？你們就要這麼討厭我？我，真的有這麼令人不屑一顧嗎？失去自信，往往是厭世的第一步。

在《商業週刊》出版的《吸引力漩渦》（*The Vortex*）這本書中，作者伊絲特・希克斯、傑瑞・希克斯（Esther and Jerry Hicks）有這樣一段話，發人深省，「每當我看到孩子們志得意滿、趾高氣揚地走過來，我還記得那種感覺。但之後，我看到他們一點一點出現我所謂的退縮，自信心也慢慢消失了。為什麼我們的自信會受到這樣的破壞呢？要如何預防？怎樣才能提高自尊自愛呢？」

他們發現，主要失去自信的原因，不是缺乏了讚美。而是要設法幫助他們用自己的力量，補充能源。要他們回應你的贊同或不贊同，對他們並沒有幫助。很多人以為要提升他人的自信，就是要給他們無數的讚美。但如果他們要靠你來證明自己的存在，而你卻想把注意力放在其他的事物上，那麼這些人就糟糕了。

如果你幫他們了解每個人都有能夠提供補給的本源，不需要依賴其他人，他們就只要了解創造能量渦的本質，調整自己的振動頻率，如此，你才能真正讓他們感受到信心的提升，不需要借助別人的力量就能自信滿滿。想要鼓舞別人，你必須引導他們回到自己補充能量的泉源。

換句話說，找回自信，單靠別人的讚美是不夠的。因為這些讚賞很大一部分是虛構的，是為了要「讚美」而「讚美」。當你長得「很抱歉」的時候，即使很多人說，You are so beautiful，你的心理很明白，那些只是安慰你的話，真正要建立自信的方法，是要找到寬心的鑰匙，告訴自己「天生我材必有用」，小胖妞還是可以成為大明星。

step

03

營業目標與業績壓力：又要馬兒跑，又要馬兒不吃草

中國大陸這兩年最紅的一本書是《杜拉拉升職記》，同名的電影和電視劇也走紅東南亞。《杜拉拉升職記》原著系列一共四本，是職場小說家李可描寫當代白領女性的經典之作。被拍成電影的《杜拉拉》系列第一本書《杜拉拉升職記》，由徐靜蕾自導自演，劇中描寫了職場女性杜拉拉，如何在默默無聞的都市叢林中獨自奮鬥，歷經了職場各種變遷與磨練，最終成為國際五百強企業裡的一名高級經理。

正如所有進入職場的年輕人一樣，當「杜拉拉」初次進入豪華絢麗的國際級辦公室，他就立志要成為這個大公司的一員，從面試成功當一名前台接待開始，到成為秘書後來當了公司人力資源部門的經理，遭遇了不少的奇遇。

這部電影裡面，有幾句十分經典的對白，可以說明職場中奮進的人，學到的是什麼：

(1)所謂好公司：一是收入，二是環境，三是未來，還有就是無形的福利，比如：和你一起工作的同事都是素質高又專業的人，會讓你在工作中更有愉悅感和成就感。

(2)大老闆問話的常見規律：有預算嗎（有錢嗎）？公司流程關於這類專案的花費有什麼規定（符合政策嗎）？做這件事情的好處是什麼（為什麼要做）？不做的壞處是什麼（可以不做嗎）？

(3)一個優秀的銷售經理，他區別於一般的銷售經理有什麼特徵呢，他會專注於完成任務，而不過多地強調困難，比如競爭對手的強大、資源的短缺等，最重要的是，他不是看著手中的資源和指標來做主意的，他是看市場有多大潛力來做生意的，這樣公司才能保持行業的領先地位，他個人也能得到迅速發展。

(4) 人的注意力是有限的，既然做不到面面俱到，就要保證不忽略重點，每個人的業績是否合格，能力是否優秀，百分之八十甚至更高比例的結論由他的主管直接做出。即使全世界的人都說你好，直接主管認為你有問題，你多半就是有問題了，一言以蔽之，就是你要「保證重點」。

(5) 對於新人而言，使別人願意教你，是你的責任。

(6) EQ在鬥爭中成長得最快。

看完這部喜劇片，不僅是可以了解自己在職場上可能遇見的問題與解答的依據，還可以收穫如何在職場中談戀愛。

許多上班族對自己的主管有意見。可以說，世界上百分之八十的人，都不滿意自己的上司，原因不外乎是：為什麼我這麼努力，老闆還是不滿意？我天天辛苦加班，老闆還說我沒效率？顧客、上司的要求我盡力照單全收，卻被說我不懂輕重緩急？我一切按照規定辦理，為何罵我不懂變通？

日本作家新田龍寫了這麼一本書《為什麼我這麼努力，老闆還是不滿意》，從自省、做事、態度、做人等七個方面，提出數十個重要的工作方法。他認為Work smart比work hard重要，優秀員工知道「主管認為」，平凡員工老想「我覺得」、「不知道但不敢問」、「不懂，但還是說我懂了」，然後悶著頭做事，有這種症狀的人，要趕快清醒。

下面這個實際案例中的主人翁，就是這樣經常忙得焦頭爛額的人，甚至是感覺「生不如死」。

突破工作困境◉7

壓力太大，夢到自己還在忙，怎麼辦？

我現在從事外貿工作，我們做中東市場，主要建材包括鋁材、鋼材、陶瓷等，公司在廣州。感覺到你的心境非常平靜，那會不會感覺被打擾？我是二〇〇七年畢業的，做外貿感覺壓力特別大，職位是經理助理，還得做老闆隨身翻譯，什麼事都要忙。這兩天獨自撐著公司有點力不從心，什麼事都要面對時自己會感覺腦子緊繃繃的。老師您一直從事教師行業嗎？會不會厭煩自己的工作？我做夢會夢到自己還在忙，夢裡都在講英文。有時候會莫名其妙發脾氣，發完脾氣反而覺得很輕鬆。這段時間加上失戀，會莫名其妙哭，哭到睡著，基本上都是做完夢醒來，起碼要半個鐘頭才能再入睡。我是那晚做夢在說英文時嚇醒了，我懷疑我骨子裡就放不開，感情也是。如果我能領悟到，那工作感情問題我想都可以慢慢解決了！我可能太年輕，感情一打擊就像世界末日一樣！我還沒學會怎麼去處理這些問題，最低落的時候會覺得現在自己的狀態生不如死，非常難過。

石總經理的建議

適度的壓力，雖然是讓我們成長進步的動力之一，可是如果壓力超過負荷，不但累壞了身體，也無法完成工作任務，是需要面對和紓解的問題。

依你現在的處境，有下列三種情況可能發生的機率，提供你參考和因應：

(1)你的工作量的確超過了你可以負荷的範圍，就算有三頭六臂也無法完成任務，這種情況壓垮了你的身心可以承受的極限。這時候，你可以仔細的將你現在的工作內容整理成一份清單，註明超負荷的情況，尋求適度的工作調配和協助。畢竟，工作應以圓滿達成任務，為公司創造最大的績效為考量，情況沒有立即改善，於公於私，都會造成不利的影響。除了工作量太大的情況之外，如果是你個人能力上仍有不足的原因，也應該坦然以對，提出對工作輔導或協助的申請，以免耽誤了公事，也損害了健康。

(2)自己檢視一下是否身心狀況出了問題？在長期的壓力緊張的情況之下，你的緊繃情緒加上肢體的勞累，已經影響了你自己的免疫功能，讓自己的健康亮起了紅燈。尤其在精神上的過度緊張，已經影響了你的作息，半夜做惡夢，情緒出現失控情況等，顯示了接近病態的現象。剛開始進入職場的新鮮人，經常懷著如臨深淵、如履薄冰的謹慎心情，有類似的現象雖不足為奇。但是只能承受短期的考驗，並獲得迅速的自我調適而穩定下來，如果是經年累月的出現這種情況，就是異常的現象，需要經由調適，或尋求身心上的治療，才是最佳的因應之道。

(3)也有可能是上述兩項原因同時存在的相互影響，加重你的心力交瘁。這時你應該先停下來休息一下，重新評估工作內容、工作量的負荷能力，檢驗身心的健康狀態，重新調適之後再出發。

(4)在身心都感到疲勞的情況下，自然的造成了情緒的不穩定，並失去了平時的耐性。這種情況當然不利於你處理感情的問題，只要自己有自知之明，提醒自己要更加小心，才可以避免陷入一連串不愉快的漩渦當中。

其實，在職場工作，可以累積經驗，獲得成長，還可以領取薪資酬勞，應該是一件快樂的事情。而工作量越大，也可以得到更充實的歷練，有助於能力的迅速提升。但一切的前提來自於體能可以負荷，能力可以勝任，才會創造正面的效果。

希望你藉由這段經驗的重新評估和調整，做出適當的因應之道，重新燃起你的熱情，樂在工作，健康生活。

石老師的建議

畢業以後剛上崗頭兩年，都會有「大頭症」，工作不適應、太忙，焦慮，壓力大，想要逃脫不自由的環境，這些都是顯而易見的壓力徵候群。等到順手之後，又會面臨調職、升官、出差的問題，所以及早學會一套方法，調適自己的工作與生活，是有必要的。更別說還有感情問題，當然是雪上加霜。

首先，要肯定自己。如果不是能力很強，相信以一個新人而言，單位上不會給你這麼多挑戰性的工作，外貿工作遇見經濟危機，恐怕也會有很多影響。業績受挫，公司裡面任何一個人都不好過。通常搞外貿的公司不會很大，一個人監管很多雜事也是很自然，年輕人應該以鍛煉自己的膽識為出發，不要疏忽了這是好機會。每個人工作不怕累，只怕亂、只怕氣，只要能把握住這一點，就能想開些。

其次，做事靠方法。你可以跟前輩們學習如何省時、省力的完成工作。許多事情可能幾分鐘就能做好的，新人可能學幾個小時。還有的人很堅持自己的方法最好，這種固執的想法也不可取。管理學上說，每天多花半小時找尋更便捷的道路，這就是最好的管理者，意思是說，不要局限在自己緊繃的思想裡，這樣愈做愈累，沒有成效。

最後就是感情和事業，往往不能兩全。當自己忙於事業，就會忽略了感情的另一半，常常會產生矛盾與煩躁的口角。比方說週一和週五晚上約會，都會導致在工作最忙之後，和對方見面就發牢騷或沒有耐心，這就助長了感情的分歧點，其實兩人並沒有深仇大恨，往往就是小事分手，實在不值得。

簡單的說，要調適自己，適當放慢腳步，放開自己。真的有大問題，再找心理醫師諮商一下，多數人很快就會明白，那些都是自尋煩惱而已。

老實說，一旦工作成了謀殺自己的工具，那就實在沒有意義，也太不值得了。著名的蘋果創辦人賈伯斯，在拿到醫生的診斷報告的時候說，「我甚至不知道胰臟在哪裡？」然而就得了胰臟癌走了，留下他的千古名言「我活著，是為改變世界」。如果他能活著更久，世界上還有更多的創新與奇蹟。

無論是否擔任銷售工作，營業的好壞，對每個員工都有直接的影響。生意好了，大家忙到半夜也不能回家。回家的路上還在想，我這麼忙，錢，還不都賺到老闆的口袋裡去。如果生意不好，那更糟。老闆開始裁員，開始限制東、限制西。幹什麼都不對，動輒得咎，所有員工都人心不穩，有辦法的早早開溜，沒有地方跑路的只有想辦法把臉皮增厚一點。

成為拼命三郎的下場又怎樣了，壓力成為不可抵擋的惡魔，慢慢的侵蝕自己的心智，就像以下這個真實案例一樣，主人翁自覺已經沒有了倚靠。

突破工作困境◉8

拼命投入工作，沒有休閒生活，怎麼辦？

在工作上，我是拼命三郎，給自己許多無形壓力，雖然也獲得一些肯定，但是如何讓自己平衡工作壓力與休閒生活，是今年的目標之一。

石總經理的建議

拼命三郎的精神固然很好，工作上百分之百投入，勇往直前，全力以赴，獲得肯定和獎賞，是理所當然的事情。但是目前的情況是你感覺有壓力，似乎是過度偏重在工作上的負荷，產生了身心平衡調適的問題。

工作上可以做到全神投入，是個負責任的態度，是值得鼓勵和肯定的。然而，做事情還是要靠體力，而體能上的支持和消耗，是有一定的極限的。如果不眠不休，超過了極限的範圍，不但對身體造成了傷害，也會影響到工作的品質，反而會產生負面的效果。尤其對自己來說，損失了健康，得不償失，是特別要小心調節的重點。

首先，你得先自我衡量一下，在拼命投入做事的時候，像直通車一樣，中間不停靠，一站到底？還是中途有適當的停靠和休息？長時間持續的工作，是體能上的嚴重負擔，也是身心壓力的主要來源。沒有適當的調適的話，一直托到體力撐不下去時，情況就不單純了。因此，你得特別留意，在工作的投入上，是否有拼命到廢寢忘食的程度，如果常有這樣的現象，就得調整節制。同時，養成工作中間歇性調整休息的習慣，充電片刻再出發，常常保持精神好、體力好的尖峰狀態，創造好品質的工作成果。

其次，為了再往上提升你的品質能力，你得多用點心思，想想如何做到有勇有謀的層次。就如西方人所說的，不僅要Work hard，還要Work smart。工作中除了靠體力，也要靠腦力，思考工作中更有效率的好方法，謀定而後動，創造事半功倍的效果。這是你做為一個拼命三郎的勇士，所應該努力向上充實的目標。

最後談到了休閒育樂的生活，這是身心調劑不可或缺的良方。你得培養一些休閒育樂的興趣和活動，讓你的身心獲得舒展和休息。如聽音樂、看電影、欣賞表演節目，參加社團活動、與好友聊天餐敘、登山、運動、放假到各地景點旅遊等等。每一段適當的休息，都會帶給你新的能量，獲得更充實的拼勁再出發。

汽車再好，奔馳了一段時間之後，不休息、不保養、不加油，就無法持續它的後勁，終究跑不久，跑不遠。拼命三郎通常會以為休息是太浪費，太奢侈的事情，沒有注意到續航力的重要性。而且，只相信體力，而忽略了腦力加乘的效果的話，也只能達到事倍功半，甚至於徒勞無功，並拖累了身體。希望你以拼勁，加上謀略，並以適當的休閒調劑，讓你的身心獲得健康的發展，也能在工作的表現上，更加的精彩傑出！

石老師的建議

大多數擁抱工作的人都說過，等工作告一段落，就要做休閒活動、就要旅行、就要看書、就要學一項才藝。

可是工作一棒接一棒，即使中間有個小空檔，似乎只夠喘口氣，新的工作緊接著又到來。

對有點工作狂的人來說，工作以外的事，永遠不會是自己的優先選擇，甚至偶爾捨工作就娛樂休閒時，還會有些歉疚感，平衡生活的鬆與緊，因而可分為選對休閒活動，和如何強迫自己休閒，兩階段重點來看待。

有人每週大唱一場卡拉ＯＫ，覺得鬱悶化入歌聲、定期得到釋放；可是，有人覺得那場合噪音好吵。有人爬山健走，觀風賞景，覺得融和於大自然，拋開細瑣，流汗充電之後有力氣重新投入職場，可也有人光看那一身登山裝備，還沒穿戴出門就好累。

對長期投注在工作上的拚命三郎，發掘最適合自己的休閒，不但要能放鬆、調整身心，還會想要「有意義」，才不致認為時間「浪費」在休閒上。

不會自動賞給自己優閒時光的工作狂，用「排入行程表」的方式，把休閒也當成一項工作去執行；說不定，同樣一種期待工作表現的心情，也會教自己「休閒要達標」。

最常聽到五十來來歲的人說，等退休那一天我就要去環遊世界，好好享受人生。這個夢不太實際，多數人退休以後沒有收入或收入減少，不再捨得花錢去環遊世界。另外，環遊世界需要體力、旅伴、語言能力等等配合，也不是退休以後可以獨立完成的差事。

大前研一前兩年的《ＯＦＦ》學這本書很有意義，談的是下班以後的人生，無論工作多忙，人，總要下班吧！生計、生命、生活都是人生的一部份。快樂的人不只是工作有成就而已，那是生計。快樂還要有生活的期待，以及健康的心態。

現在就開始給自己一個期待吧！計畫今年要去哪裡旅行呢？記住，如果你的壓力只在於身體的勞累，那是小壓力，大約三天離開工作崗位就可以消除壓力；但是如果心裡也很煩燥不安，那就要離開工作五到七天以上；如果身心俱乏，那就得離開工作十天以上，才能徹底卸載壓力，而且旅行中不要帶著手機和電腦喲。

理想的休閒是經常性的紓解和定期的運動。比方說參加社團活動、讀書會等等，借著正當的活動與人溝通，並且到戶外去舒展身心，宗教活動當然更好，絕對不能給自己一個藉口說：我沒時間了，還怎麼參加活動呢？這樣你的生活圈一旦變小，那壓力就更沒有出口。

許多職場的工作者正因為這些壓力而自殺，獻上了寶貴的生命。不久前的中天新聞主播史哲維就是一個血淋淋的例子。

二〇一四年五月十六日《中國時報》報導，才過四十六歲生日的中天新聞主播史哲維，前一天傍晚被妻子發現陳屍住處廚房，頭上用購物塑膠袋套住，死亡多時；其妻表示，史長期心情低落，有在看醫生，最近向公司請假三天休息，上午他出門上班人還好好的，沒想到竟是最後一面。檢警相驗研判是自殺，令人不勝稀噓。

史哲維的臉書最新一篇文章是四月十四日他慶生的照片，當天他寫著「謝謝大家讓我渡過一個溫馨的生日週末，有你們我很幸福！祝福身邊的每個人都平安順心，與我一起分享這份感恩」。

與史哲維結婚十七年的太太施明黎難過的說，史哲維透露工作壓力大，長期精神狀況不佳，有就醫及服藥控制；史曾在接受媒體訪問時表示，他的紓壓方式，就是回家和老婆聊天，透過與家人談心來紓解壓力。不料還是無法度過心理的難關。

為了工作自殺的當然還不只他一個。大大有名的是台商富士康的十六連跳樓事件，真是很邪門。事實上自二〇一〇年一月二十三日富士康員工第一起跳樓，至二〇一四年七月二十七日，總共發生不只十六起跳樓事件。分別是：

時間	地點	人物	其他
2010/01/08/	北京廊坊富士康	榮波 (19 歲)	
201/01/22/	北京廊坊富士康員工宿舍	王凌艷 (16 歲)	
2010/01/23/	深圳華南培訓處	馬向前 (19 歲)	
2010/03/12/	深圳龍華基地	李姓男子 (20 多歲)	
2010/03/17/	深圳龍華基地	田姓女子	摔傷
2010/03/23/	廊坊富士康	李偉 (23 歲)	在保定市某高校跳樓
2010/03/29/	深圳龍華園區	姓名不詳 (23 歲)	

2010/04/06/	深圳觀瀾工廠	饒姓女子 (19 歲)	
2010/04/07/	深圳觀瀾工廠	甯姓女子 (18 歲)	
2010/05/06/	深圳龍華總部招待所	盧新 (24 歲)	
2010/05/11/	深圳寶安區	姓名不詳	
2010/05/14/	深圳龍華廠區北大門	梁姓員工 (21 歲)	
2010/05/21/	深圳寶安區	南鋼 (21 歲)	
2010/05/25/	深圳龍華園區培訓處	姓名不詳 (19 歲)	跳樓後割腕
2010/05/26/	深圳龍華廠區	男性姓名不詳	
2010/05/27/	鴻泰職工宿舍區	男性 (20 歲)	
2010/08/04/	昆山富士康吳淞江廠區	劉敏 (23 歲)	
2010/11/05/	深圳園區	男性 (23 歲)	
2010/12/10/	觀瀾汽車站附近旅店	李姓男 (18 歲)	
2011/05/26/	成都富士康菁英公寓	男性 (20 歲)	
2011/07/18/	深圳寶安區龍華富士康北門百鳴園	男性 (21 歲)	
2011/11/23/	太原富士康	李蓉英 (21 歲)	感情問題

2012/01/01/	煙台工業園	男性姓賈	
2012/06/13/	成都富士康員工外租公寓	謝姓員工	
2012/06/23/	成都富士康	姓名不詳	
2013/04/24/	鄭州富士康富鑫公寓	金姓女子（23歲）	
2013/04/27/	富士康鄭州市航空港區	男性（24歲）	
2013/05/11/	重慶富士康富康新城	男性姓名不詳	
2013/10/20/	鄭州富士康富康新城	姓名不詳	
2014/01/10/	深圳富士康龍華廠區	陳鋒（23歲）	家庭與感情
2014/01/11/	鄭州航空港區天成公寓	姓名不詳	
2014/07/27/	深圳龍華富士康	姓康	非工作時間

跳樓的盧新在博客留下這樣一段話：「為了錢來到公司，可陰差陽錯，沒進研發，來到製造，錢還算多，但是在浪費生命。真的很後悔，我的人生第一步就走錯啦，很迷茫。」媒體說，他們的工作就是每天在主機板上貼十八張膠紙，兩分鐘完成。每天要貼二百二十塊這樣的主機板，枯燥無味。

富士康是全球代工之王，生意好的時候，一天就可以招聘上萬人，提供很好的待遇和福利，可是員工自殺是血淋淋的事實。有人說，這是富士康要負的責任，有人說要檢討制度。無論說什麼，看到的結果就是，跳樓的人，還在為了工作不滿，結束自己寶貴年輕的生命。

為了遏止這樣的事件，富士康公司還要求員工簽訂不自殺協議。不自殺協議就是：承諾若發生非公司責任原因導致的意外傷亡事件（含自殺、自殘等），同意公司按相關法律法規進行處理，本人或家屬絕不向公司提出法律之外的過當訴求，絕不採取過激行為導致公司名譽受損，或給公司正常生產經營秩序造成困擾，但是給予人民幣十萬人道賠償。

這就跟以下真實案例的主人翁一樣，職場工作者總是徘徊在工作為了賺錢的基本概念上，無法開脫，最終是鬱悶、壓力，甚至自殘。

突破工作困境◉9

業績壓力很大，沒有信心，怎麼辦？

坦白說，這幾年我的業績沒有維持的很好。今年更因大環境變得更差，真的沒遇過像今年這樣差的。我已經有些茫然，到底是我的問題，還是助理沒有跟上。

業績壓力很大，不是我沒有去勤跑，而是用戶端都是低成本考慮，也因景氣淒涼，所以都遲遲未能下決策，坦白說，這一兩個月我的業績很差。

現實面得為了生計，我不能沒有這份薪水，我自己是還好，也不是會揮霍錢財亂買東西的人，但還有兩老。為了家裡，坦白說，到目前我沒有存很多錢，我並不是一個富有的人，目前如果沒有生意的話，就是領底薪而已了。

還有，我不是想將責任推給助理，卻發覺他的能力沒有跟上來。他來公司也快三年了，常常出錯，事情需要常叮嚀，工作至今我很多事情都是自己來。我從不藏私，不斷教他，與他分享很多，但近期卻發覺，先前教他的，原來都沒有試著去做，所以都在走回頭路，出同樣的錯誤。

我自己也沒有做得很好，但卻找不到問題點，自己的信心越來越弱，但我不想當這樣的人。不瞞您說，我原本很想去做催眠，找出問題點。催眠可以找到自己的人格特質而有所發揮嗎？

石總經理的建議

現在的你正在困局中掙扎，層層的考驗中帶來了很多觸動和想法。而最珍貴的一點，則是你的內心思索著走出困局的方法，這個正面的意念，就是你跨越難關，成長突破的動能。

困境的正向解讀，就是強迫一個人改變現狀，創新突破而跨越成長的信號。以昨天的思維和能力，來面對今天以至於未來的難題，顯然已經產生了無法跨越障礙的問題。因此，解決之道就是改變和調適，至於如何做到改變和調適，則有下列的幾個方向供你參考：

(1)銷售技巧的提升：一直以來的推銷方法，包括選擇希望客戶的目標，表達和訴求優點價值觀的方式，是否足以滿足客戶的需求？如果無法符合市場競爭趨勢，就得找出原因，調整新的對策，以免陷入走不出困局的泥淖。

(2)加倍的努力：在大環境不景氣的陰影籠罩之下，衝擊的範圍可能就是全面性的供需市場，調適能力不足，及體質較差企業或個人，通常都會成為優先被淘汰的對象。由於市場萎縮，困難度增加，使大家都面臨更嚴峻的挑戰，這時候的努力，很可能是事倍功半，甚至於徒勞無功。唯有靠著加倍再加倍的努力投入付出，來彌補回報率低迷的不足。所以你的勤跑，還可以再加強，尤其在競爭者都很虛弱的時候，你的堅持和堅強，是衝刺致勝的唯一利器。

(3)多自我充實準備，迎接下一波高峰：景氣的常態就是好壞的循環，從低點到高峰的起起伏伏，總是會有交替的周期。撐得過低點考驗的，通常也能夠在下一波高峰來臨時，捷足先登，拔得頭籌。因此，你的意志力不但不能被擊倒，甚至於要為下一個高峰提前做準備。

(4)留意產業趨勢：產業、企業、產品和經營模式都有生命周期，在物競天擇，優勝劣敗的現實情況下，自然淘汰法則是存在的。你得多注意分析這些長期耕耘的客戶，最後的結果只是拖延，放棄購買，還是轉向別家購買？原因何在？有否解決方案？如果你自己的公司的情況，已經有陷入潮流衝擊的衰敗現象，若無法尋求升級轉型來開拓新局時，就不是靠你能不能一夫當關，撐起場面的問題。這時候，就得仔細思考轉換行業和跑道的出路，以免在趨勢洪流中，受到無可抗力的衝擊。

(5)耐心培養助理人員：對於工作團隊的素質和共識的培養，當然是你順利推動工作的重要關鍵。培養需要方法和耐心，給他們學習成長的機會，就算出錯更正也是一種訓練的方法。除非是一錯再錯，改進無望，就得考慮更換人選的安排。

至於談到家庭背景和負擔的問題，雖然是一個沉重的壓力。但是，也有很多成功的人士，就是因為在成長的過程中，背負著壓力而使他們磨練出堅韌的毅力，而更加努力跨越難關，獲得比一般人更多更快的成長。如果你的心理上常常想著，每一份成果，都能為家裡雙親和家屬帶來安定生活的條件，這樣的奉獻換來的是內心的安慰和喜悅。你將會因此產生積極的動能，投入在你的工作上，並體驗到生命力更深層的意義。

石老師的建議

商場說，「業績沒問題，樣樣沒問題。」環境壞、景氣差，並非只有你感覺很焦慮，老闆、員工、主管、幹部、基層…人人都苦哈哈。

老闆有老闆的壓力，你有你的壓力，助理同樣有他的洩氣。連你都衝不出業績，能力、入門有差別的助理，恐怕更不如你。並非他走回頭路，是沒有實質業績鼓勵，失去了動力。

催眠、算命卜卦、《秘密》書中說的正面思維、宗教、心靈信仰……都曾對不同的人和相信的人，提供過大海浮木的幫助。然而，如果是為謀求見到、拿到實際績效，恐怕道不同不相為「謀」。

有氣魄的好主管，屬下犯錯也一肩承擔，帶人帶心。光是責備他，幫不了他；幫不了他，就幫不了自己。

收起怨氣，開誠佈公談一談，瞭解助理的困難，至少給他打打氣，適度說說自己其實也有困境。工作夥伴同在一條船，二個人的智彗力氣不拆散，就可以放在一起團結點子大，共渡這一段「由奢入儉難」的時局。

要堅定自己的信心，告訴自己這條路不是死路，只是一條彎路，你可以看看身邊所有的人，目前都和你一樣，無一倖免都在大海裡撈針，找尋藍海策略，你還好有個崗位可以繼續跑下去，多少人已經被放牛吃草，沒人顧了。

想想看你還是喜歡這個行業？還是只想要混飯吃；其次想想，不做這個，你想做什麼呢？外界的景氣如果持續惡化，你和其它人要如何？就是坐以待斃嗎？還是想辦法找出生路？

你的問題可能有兩個：第一，很久鑽不出來，沒有創新的想法了，老是原地踏步；其次是總會把問題歸咎於環境，而環境只不過是失敗的導火線而已。你要先靜下來，不要像是野狗一樣著急，到處盲目的找客戶打電話，這樣會讓客戶更害怕把案子交給你。更不必懷疑自己和助理，疑心生暗鬼，家和才能萬事興。

催眠無法解決外界現象，更不能帶來業績或是分析你的個性問題，世界上的成功與失敗，無非是三個原因，第一是個性，第二是方法，第三是機運。你可以改善一下前面兩個原因，因為機運無法自己控制。

每兩個月你有和助理做過教練（Coaching）的動作嗎？你們有共同討論過那件案子應該怎樣做更好嗎？你們有共同對彼此評分嗎？還是你只是不斷的告訴你：你該怎樣怎樣做，而不瞭解他的錯誤到底在哪裡呢？你們有同舟共濟的感覺嗎？

我相信四周的人已經多多少少對你產生建議，但是或許你會很努力的為自己的行為和個性方法辯解，更要緊的是，經過多年工作，也許不斷重複原有的工作態度或方法，現在可能是你推陳出新，脫胎換骨的時候了。

天無絕人之路，路也是人走出來的。相信你會找到方向，朝著康莊大道，以堅定的步伐，邁向成功之路。

聖經傳道書裡面有很多經典名言，其中一段是這樣寫的：「貪愛銀子的，不因得銀子知足；貪愛豐富的，也不因得利益知足。這也是虛空。」

因此，作者所羅門王說：「我所見為善為美的，就是人在神賜他一生的日子吃喝，享受日光之下勞碌得來的好處，因為這是他的份。神賜人資財豐富，使他能以吃用，能取自己的份，在他勞碌中喜樂，這乃是神的恩賜。他不多思念自己一生的年日，因為神應他的心使他喜樂。」

無論是否依附宗教的慰藉，職場中的人們一定要記住，工作如果只是為了滿足生命的最底層，這樣的想法會讓你永遠喘不過氣來。因為我們的需求，永遠難以大過我們的收入。

step

04

平庸與豁達之間：職場升遷之路

一個人到底什麼時候會被擢拔，這問題很難有答案。著名的美國耶魯大學職業生涯學者丹尼爾・萊文森（Daniel J.Levinson）首創生命階段和人類發展理論（Theories of Life Stages and Human Development），發表了膾炙人口的「一個人的生命四季」（The Seasons of A Man's Life），揭示了人類一生工作裡的六個階段。

在這六個階段裡，作者發現了兩個關鍵性的觀念，一個叫做穩定期 (the stable period)，這是人類在思索做決定的時刻；另一個叫做轉變期（the transitional period），這是人類結束了某個階段，踏入另一個階段的開始。因此，成人世界裡的生涯是這樣被劃分的：

(1)十七—二十二歲，早期成人轉型期（Early adult transition），初次進入社會，變成成人的第一次選擇。

(2)二十二—二十八歲，進入成人世界（Entering the adult world），初嘗戀愛、工作、友誼、價值和生活型態的選擇。

(3)二十八—三十三歲，三十歲轉型期（Age 30 transition），生活架構上的一個重大轉折。

(4)三十三—四十歲，安定期（Settling down），在社會上、時間進展上，無論是家庭或職場上，都因為可能當了父母而安定下來。

(5)四十—四十五歲，中年轉型期（Mid-life transition），生活架構產生了問題，通常是在認定自己一生當中有何意義、方向和價值上起了疑惑。對自己的能力忽略。這時候人們愈發具有一個父母而非兄弟般的感受。體認到死亡和生命的短暫。這就形成了他的下半生。

(6)四十五—五十歲，進入中年成人期（Entering middle adulthood），必須自己做決定，形成新的生活架構。這時候的人會反思前半生的成就與遺憾，並且與自己和他人（包括上帝）言和。

如果我們比照前一章那些在富士康工作不久就輕生的人們來看，他們多半在第一個「早期成人轉型期」之前，就放棄了自己尋求以後真正進入成人世界的機會。換句話說，如果他們能夠堅持得更久一些，到達真正的「成人世界」，或許它們的想法就會截然不同。

一個人或許一輩子都很平凡度日，但是很少聽說哪個人在職場上是永無升遷機緣的。如果真的是如此，那這人可能也是「活該」。因為，在基層奮鬥的過程中，必須努力表現，才可能在諸多平行的眾人中出頭的。如果你總是躲在黑暗的角落哭泣，又埋怨命運對你不公平，上級從不瞧你一眼，那你是「自找的」。

曾仕強教授著名的「中國式管理」有一張簡單的圖表可以參考：

階層	注重層面						
高層	權	人	情	變化	經營	有所不為	中庸
中堅	責	事	理	改善	管理	有所為有所不為	不執著
基層	利	物	法	維持	作業	有所為	務實

仔細看看基層人員要注重的是哪幾個關鍵詞，「利」，基層人員只考慮到自己那幾個可憐的薪水和收入、福利和加班、哪天放假、幾點才可以下班，如此而已。「物」，基層人員要管的是資產、物件、雜事、庶務，也就是要處理事情。「法」，基層人員必須遵守公司、單位、組織、社會的規定，無權爭執或爭取。「維持」，就是把自己的本分都守住。「作業」，就是操作的面一定要技能純熟。「有所為」，就是要能時刻有所表現，掌握機會。「務實」，就是要踏實，腳踏實地。

或許有人問，那我要在基層待多久才能到中層，也就是當上主管職。這當然沒有一定的答案。不過，依照上述萊文斯的生涯規劃期的分析，只要不是非常特殊的例外，在二十二—二十八歲之間，一定有機會向上一層樓。只是個早晚的時間而已。

不過，如今的社會不同於過往，年輕人往往認為，已經幹了兩三年還沒有出頭天，就表示這個地方沒有希望，白浪費青春。尤其是看到媒體中整天介紹「高、大、上」，所以寧可做個敗家子，也比做個窮小子要強幾萬倍。

當然有的人也會甘於平淡，跟顏回一樣，「一簞食，一瓢飲，居陋巷，人不堪其憂，回也不改其樂」，被孔子稱之為賢德的人。只是，這樣的人在現代鳳毛麟爪，能真正淡薄寡欲的，很稀缺。

下面真實案例裡面的主人翁，就是迴盪在這種兩難之間，不知所措。

突破工作困境◉10

同事互相競爭，卻傷了和氣，怎麼辦？

您好！看著你每日多彩的生活，感受老師你豐富的閱歷，我想向老師您請教兩個問題，懇請老師你能給我指示，謝謝！

其一，老師，我是一個挺喜歡平淡的人，我自己這樣認為的，所以很多事我並不想去爭，去奪，但是有時候，有些虛華的東西並不由自己，落在自己身上，導致自己被他人誤會，這讓我很苦惱，因為我並不想這樣的。老師，對於他人的誤會，我該怎麼辦呢？

其二，老師，對於一些自己也很想去爭取的東西，因為一個很照顧自己的朋友也需要爭取，而且我和他之間只能有一個人得到，另一個人必須放棄，另外自己發現他並不符合條件，但他人並未發覺，自己該要怎麼辦？我自己想放棄的，但是放棄過後真的覺得很不值，很難過，因為那個東西也是自己需要的。但是，如果去爭取，自己又覺得很對不起他，因為他像大哥一樣照顧我，老師，我真的很矛盾，很迷茫，我該怎麼做呢？或者，這次我選擇放棄，下次遇上這樣的事，我也該放棄嗎？

老師，學生希望能得你點化，找到方向，再次感謝老師你的垂閱。

石總經理的建議

每個人在學習成長的過程中，任何階段，都有所困惑和矛盾，伴隨我們思索、尋求理解，而獲得成長。誠如韓愈在「師說」的文章中所提到的：古之學者必有師，師者所以傳道、授業、解惑也，人非生而知之者，孰能無惑？惑而不從師，其為惑也終不解矣。這裡面就道出了人本來就不是與生俱來的就無所不知，那個人沒有疑惑呢？而一旦有了疑惑，如果不請教老師或先知者來開導，以解開困惑，那就永遠得不到解答開竅了。在這裡，你可以瞭解有疑惑矛盾是正常的，同時，你也做對了明智之舉，懂得整理問題，並積極的向老師提問，這已經表示了你終將獲得理解，走出矛盾和困惑。

你喜歡平淡，因此可能就不會搶別人的風采，或爭功出風頭，有一份怡然自得的清高和自在。這是你主觀的認知和自我的要求，相信你一直掌握著自己的分寸，有很好的言行準則。但所謂當局者迷，旁觀者清，有可能你的自我認知與客觀的感覺有所落差；也可能是與你有利益衝突者故意給你的難題；也有另一種可能是真的被人誤會了。這些情況都衝擊考驗著你的從容自在和定力，帶給你不安。而平淡的本質就是虛心和謙卑，不論上述的原因為何，能夠因此而更加反求諸己，尋求改進之道，是唯一對自己有利，也不傷對方和氣的作為。

至於你提到的與人互相爭取，在取捨之間的矛盾，讓你陷入迷茫，不知所措。你自己的認知是讓對方獲得並不值得，如果自己擁有又覺得對不起人家，因為他一直對你照顧有加。就從上述的情境來分析，你可以由兩個方面來思考：首先是先放開得失心，雖然不容易，但卻是幫你解除矛盾的第一步。有句勸世名言說：「追求要度德量力，獲得應適可而止，失落須看透想開」，所以根據這項修煉，希望能幫你仔細思考，找到適當的處理方法，來認定這東西應該誰屬比較得當。其二是體會「施比受有福」這句話，把自己喜歡的東西送給需要的人，是一種至善的仁心，也是高尚的情操，得到的歡喜心是寶貴的福氣。何況對方又是如大哥一般，熱心照顧你的人，就算報答，也是理所當然。如果你真的做到了這點，也就更加符合了平淡為懷的心胸，讓你真正到達坦然自在的境界。

石老師的建議

你的問題就是兩個字：矛盾。或者是自相矛盾。我本將心托明月，誰知明月照溝渠。淡泊以明

志，寧靜以致遠。這些話常常告訴我們，當我們快樂的走在街上，也不招惹誰，可就是有那些討厭的人會莫名奇妙的侵犯你。就好像平坦的一條大道上，突然有一個看不到的小坑，讓人想都想不到就絆了一跤。

有的人本身條件好，雖然不喧嘩，但是其他的人會嫉妒會羨慕。這些人的損毀對你而言是難堪的。不過，人之相知，貴相知心。路遙知馬力，日久見人心。你不必把他們放在心上，還是以真誠相待，那久而久之，對方知道你對他無害，就可能不把你當做敵對。如果這樣的人存在已久，也經常騷擾你，也該考慮離開。

你的問題是可以看見問題，也知道答案，卻做不到，沒有做到：寧靜以致遠。如果能把問題看成是，此處本來無塵埃，何處擾寧靜。他人的損譽，對你既無意義，那又不必罣礙。你的第二個問題是，兩人都合適的東西，你認為自己更適合就該當仁不讓。既然要讓，就無視乎這樣東西還存在。

如果你們有感情問題，那可能要另當別論。感情是不容易用理性的分析來破解的。必須看當下的條件與現實的狀況。假定是兩個人都喜歡上同一個人，而你認為自己更適合，那就應該好好爭取對方的好感。但是如果對方並不喜歡你，而你只是一廂情願的認為自己更適合，那雙方還是不可能長此以往的交下去。

有得就有失，有失就有得，平淡的心境，就算放開了手，也等於擁有了一切。

「平淡」常常也會被認為是「平庸」、「平凡」的代名詞。如果你去參加一個畢業十年或二十年的同學會，感受會最為深刻。大部分的同學見面第一句話就是：「最近在哪裡發財。」「你看來紅光滿面，氣色不錯，是不是有什麼喜事。」女士們更會打量對方穿什麼、戴什麼、梳什麼髮型、開什麼車。

即使你不想與人攀比，別人也會拿你做文章，說話酸溜溜地，就算是老同學，也會直接了當。這時候平靜的心窩，還存在著我是「一身傲骨、兩袖清風」的人，恐怕也很少了。如何讓這種「平淡」變得不「平庸」，讓自己能夠活出真正的自我，實在也不是一件容易的事。

喬依絲、麥爾（Joyce Meyer）從一九八〇年成立「生命真理」事工，至今全美可從二百五十個電臺收聽他的廣播節目。他的童年是不幸的，受虐受暴；結婚以後人生大為翻轉，生了四個孩子，不僅是密集的到處演講，在國際間深受肯定，並且有二十七本議題廣泛的著作問世。

在《如何管理你的情緒》這本書裡，喬依絲、麥爾提到：根據醫學研究報告顯示，身體百分之七十五的疾病，是由情緒造成的，其中最主要的情緒問題之一是人們的罪惡感。有許多人正以疾病在懲罰自己。他們拒絕放鬆自己，享受生命，因為他們覺得不配快活的過日子，於是，終其一生用懊悔和自責來為自己贖罪。這類的壓力最易使人生病。

多麼可怕的結論，人類的情緒原來是從罪惡感來的，也就是自己認為「不夠看」，所以不願意享受生命，卻寧可讓壓力逐漸蠶食自己，作繭自縛。表面看來，真令人難以置信。原來人類的壓力是自己找的，如果降低了標準，轉念一想，好死不如賴活著，就完全沒事。除了非洲的饑荒以外，也沒有多少人，真正就因為沒有飯吃而餓死的。

他這本書本書一共分為十章，分別是：（一）不被情緒牽著鼻子走（二）（三）情緒傷害的醫治(1) (2)（四）情緒與饒恕的過程（五）情緒擺蕩（六）憂鬱的真貌與克服之道（七）使我的靈魂蘇醒（八）羞愧之根（九）認識共依存（十）恢復赤子之心，其中第六章和第十章最為關鍵。

第六章「憂鬱的真貌與克服之道」作者原來所擬定的標題是「興奮劑與鎮靜劑」，但是擔心讀者誤以為這是有關毒品的內容而改變。這章對於憂鬱、灰心、失望、沮喪、毀滅、借貸、疾病、急難、分裂、憂鬱症都有詳細的說明，作者的主張是要用聖經聖靈的力量來治療問題的核心。作者分析，導致憂鬱症的原因有三個：第一是罪惡感；第二是自卑感；第三是變化，也就是生理的荷爾蒙失調。作者引用詩篇中的章節說：「我的心哪，你為何憂悶？為何在我裏面煩躁？應當仰望神，因祂笑臉幫助我；我還要稱讚祂。」（詩篇 42：5）「喜樂的心乃是良藥，憂傷的靈使骨枯乾。」（箴言 17：22）認為只要能單單仰望神的力量，就能全然得到醫治。

第十章中作者認為人類應該極力反璞歸真，他說：「想想看，如果能一面善盡我們的職責，又同時能自得其樂的渡過一生，豈不是很棒的一件事？」有時候我們可能需要用一點信心來克服內在的障礙，才能將壓抑的情緒自由的表達出來，而不必顧慮別人的眼光。就是這種時候需要展現出赤子之心，並且享受在其中。你我必須謙卑下來，回轉成小孩子的模樣，我們也要學著接受、接納並且歡迎我們裡面的小孩子。

俗話說，錢多，多花。錢少，少花。沒錢，不花。可是知難行易，多數人都是為了五斗米折腰，而且想到沒錢，就覺得自己實在是很可憐。為了找一份可以餬口的工作，經常不知如何選擇，絞盡腦汁，還是不知所措。以下這個真實案例，就是一個剛畢業不久的年輕人寫來的信，透露出選擇職業的徬徨。

突破工作困境◉11

工作想選自己有興趣，卻又想要收入高，怎麼辦？

老師，我在大專是學國際旅遊管理，出來可以做什麼工作呢？我特質是探究型，適合當一名導遊，如果不可以，你覺得我適合哪種工作呢？你覺得我有領導能力嗎，就是當不了導遊，去酒店工作，老師你覺得我適合嗎？老師，銀行工作好嗎？很多人都說穩定，工資又高，是不是真的啊？就只有去酒店和導遊嗎？沒有別的方向嗎？學國際旅遊管理，出來工作的方向是什麼？

石總經理的建議

看你現在興致勃勃、躍躍欲試的樣子，希望進入職場展開工作生涯之旅，這就是內心擁有了一股熱情。只要熱情存在，就好像是壯志在我胸，可以突破許多困難，跨越障礙，開拓光明大道。但是，興致也不能沖昏了頭，目標方向要精準明確，切莫心猿意馬，以免消耗精力，浪費光陰，到頭來一事無成。

從你的問題中，知道你是學國際旅遊管理，但是在你的職涯發展方向上面，提到了導遊，酒店服務，銀行業以及景區導遊等等。其實，條條馬路通羅馬，只要專精敬業，每一項工作都可以創造傑出的成就。因此，這個答案是：只要你立定志向，專心投入，就是最適合你發展的工作。

而如何在目前的階段確立你的志趣方向，就是一個重要的前題。建議你以下列的方式，進行一些行業的了解和自我分析的研究，然後就可以找出適性發展的方向，讓你朝向這個指標方針，積極的付諸行動，開創事業人生：

(1)按照你目前提到的導遊，酒店服務，銀行業以及景區導遊或還有其他想到的工作等，開始向有經驗的學長、親朋好友和老師等請教，了解工作的屬性和職涯的發展。這些親身經歷的案例和建議，將是你最實際的參考資訊。

(2)分析自己的性向、專長和興趣，再套入上述的工作屬性，排出你的志趣方向的優先順序，做為你投入職場方向的目標概念。

(3)在實際進行應徵找工作的階段，從所接觸的選項中，以工作待遇、升遷發展的機會、專業成長、工作場所的方便性、工作單位的穩健性與事業前景等，做一個整體性的評估，以做出最理想的選擇。

(4)一旦有了定位，就全心全力的投入，以自己的熱情加上勤奮努力，必然可以創造出一番傑出成果。

職場生涯中最快樂的一件事情，就是能在自己的志趣所在和專長的領域中工作，使人保持熱情投入而樂在工作。而志趣和專長，有先天的性向能力的契合，與後天環境及自我要求的培養，有相當廣泛的彈性可以塑造快樂工作的條件，希望你能保持熱情，努力不懈，勇往直前的開啟快樂的職涯之路。

石老師的建議

剛畢業要找的第一份工作，最好是與自己所學的專業有關，還有，學校裡面推薦的工作會比較穩靠，千萬不要放棄，如果你做過人格六角型測驗，確定現在是探究型的話，表示你是個喜歡研究、探討、提問、喜歡解決問題的人。而現代青年有百分之六十都是這種型，原因當然與網路的發明有關。

既然學的是國際旅遊管理，這個專業的特質就是高等優質的服務，首先你要把外國語搞好，其次就是要重視自己的服務形象，很快的就可以在服務行業出人頭地，要比其他行業還快成功，你很適合當導遊，還可以擔任公關、接待、顧問、老師、人資服務等等。

萬事起頭難。每個人都要從基礎做起。酒店工作也是一樣，如果能吃苦就能成就大事。酒店、旅遊、公關、外事、外貿，都可以慢慢學著做。至於銀行業，當然全世界的銀行業都是第一等高級行業；但是銀行工作需要本科與財務有關，有人叫你去銀行工作，可是你的學歷不夠，人家就說只要有人幫你就可以了，這不是真的。大部分銀行不能只靠人情，主要靠考試。

職業不分貴賤，行行出狀元。做什麼都是從底部開始認真學習，年輕人不挑工作，認真幹，很快就有出頭天。

「淡泊以明志，寧靜以致遠」這是諸葛亮高臥隴中時候，牆上所寫的話。自此成為文人雅士爭相效法的心境。事實上，「非淡泊無以明志，非寧靜無以致遠」出自諸葛亮在五十四歲寫給他兒子諸葛瞻的《誡子書》裡面的一句話，意思是不把眼前的名利看得輕淡，就不會有明確的志向；不能平靜安詳全神貫注的學習，就不能實現遠大的目標。

許多人解釋錯誤，認為淡泊就是想要恬淡雅適的過一輩子，什麼也不做，那就曲解了諸葛亮的意思。這就像是白居易在《問秋光》一詩中說，「身心轉恬泰，煙景彌淡泊」，是反映了作者心無雜念，凝神安適，不限於眼前得失的那種長遠而寬闊的境界。

不計較眼前的得失，很難做到。曾國藩23歲就考中了秀才。然後考鄉試，運氣好，一次就過關，一考就考了個舉人。他信心大增，背起行囊，入京參加第二年的會試考試。沒料到他沒考上。沒考上就該回家，因為好幾年才有一次考試。但他運氣好，第二年皇太后六十大壽，為了慶賀增加恩科一次，沒想到的是這次又跟上次一樣落榜了。

照說，這樣就該跳樓。但是他可沒有。一八三八年（道光十八年），他再次參加會試，終於中試，殿試位列三甲第四十二名，賜同進士出身，自此，他一步一步地踏上仕途之路，並成為軍機大臣穆彰阿的得意門生。朝考列一等第三名，道光帝親拔為第二，選為翰林院庶起士。

《曾國藩家訓》裡有一句名言：「養活一團春意思，撐起兩根窮骨頭」。所謂「撐起兩根窮骨頭」是講人要有骨氣；而「養活一團春意思」是說人的心中要有一種生機，要有一種情趣。後面這句話，特別有深意。許多人會認為，窮的都剩下兩根骨頭了，哪裡還活得下去，更不可能有什麼「生機」和「情趣」？

如果這樣想，那就是太消極，讓負面思維充斥了你的整個心，這樣的人，終其一生都會認定自己是鬱鬱不得志，那就只有像諸葛亮所說的要「苟存性命於亂世，不求聞達於諸侯」。事實上，他的一生，活的比誰都精采。

因此，在我們畢業後要踏入職場的那一刻，應該先想一下，到底我們追求的是什麼？無論追哪個目標，都沒有所謂的好與壞，百行百業都有人成功，也有人失敗，如果能夠「慎始」，一般人成功的道路就比較平坦。以下的真實案例是一個年輕學子在校創業的心得，主人翁遇到的都是小事，但是在初學者看來，儼然都成了大事。

突破工作困境◉12

想要自己創業，沒有經驗，怎麼辦？

現在創業過程中，我感覺最大的困難就是公關。我做的校園食堂桌貼傳媒，最重要的就是說服學校同意我們做。說真的我們的這個項目給學校帶來不了多少好處。有朋友建議找一個在教育界有某種職位的領導，在他身上花錢。但是，第一我們沒錢；第二，不知道怎麼先去說服這位領導。

有兩個有很多經驗、很多客戶關係、也有一定的學校關係的朋友，要和我合作做校園食堂桌貼廣告。如果與他們合作，這個創業專案操作起來會容易的多。我考慮了很久，不知該不該與他們合作？因為感覺做這事，主要也就三方面：公關學校、談下客戶、經營經驗。我感覺我什麼都沒有，如果與他們合作，核心的東西全部掌握在他們手裡，我不知我還能做什麼？而且我擔心，真到那時，我苦心經營的團隊會散了。我再也不可能成為核心了，最多是聯合創始人，可能只是打工的了。

我感覺和他們聊天，我什麼都不知道，沒一點經驗。而且別人說了一些話之後，我感覺腦子轉不過來，聽不明白別人的意思，就導致了一些話，自己也不敢在他們面前說。

對於我這一個投身創業的人來說，創業的步驟到底是什麼樣的？我以前想的創業步驟是：先自己通過各種方法把自己的能力和團隊的能力培養起來，洞察行業的能力有了、商業策劃的能力有了、還認識了一些企業家、一些風投等等，這時，我只差一樣東西了：錢。當有很多企業家看到了我的能力、我們團隊的能力、一個我們非常好的項目，然後他們就會贊助我們百萬、千萬，這樣我感覺我的創業真正成功的開始了，我也有了足夠的能力去運作這些事情。下一個目標就是公司上市了。

包括做創業分會，也是給會員灌輸這種創業的思想，讓他們都能創大業，而不是自己擺個地攤賣點小東西，去發個傳單，去推銷東西，去自己苦幹，感覺等自己賺了五萬、十萬時、再做大。我感覺這樣很慢，而且只能是一些小的經營商，暫不說分會能不能這樣發展下去，我自己就感覺到一面是按原來的思路去走創業路；一面是按小經營商之路，去走這條創業路。現在模糊了，不知該怎麼去把握我的創業路了。

真的挺亂的。慢慢感覺沒目標了，沒自信了，沒驅動力了，每天都想早起跑跑步。到我們校區的山上大吼幾聲、唱唱山歌。可每天都起不來，一點都不想起，腦子是很積極，很快能想到要去做什麼，但肉體慢了、散了、懶了、不想動了，整體的一個往前看，步驟不明確，每天的任務不明確，每天的日程很亂，感覺有七到八件事要每天都去做的，可是有些事一周做一次，時間過去了，也不知道時間都幹什麼了？只是發現很多事還沒做，越來越急了。

我的困惑對您來說或許是顯而易見的；或許是我說的很亂，你很少碰到我這種情況，我不知道寫了多少字，說了多少問題。而這些字中有多少是多餘的，全當是把自己的這段時間的心情寫下來吧！望老師指點！

石總經理的建議

萬丈高樓平地起，登高必自卑，儘管你有雄心壯志面對未來的事業前景，但基本的態度，就是一切都得從最根部打下基礎。所謂創業維艱，凡事起頭難，起步階段也是最困難的階段，因為資本有限，幾乎完全沒有基本客源，所以你的困境和所有的創業者都非常的類似，是可以理解的。然而，創業初期所擁有的百折不撓、不畏艱難的奮鬥精神，以加倍努力開疆闢土的毅力，衝出一線生機，也是事業經營最寶貴的意志力之所在。相信，此時此刻的你，同樣的具備了這一份堅強的戰鬥意志，一心一意的想衝過眼前的難關。

事業可以生存以至於成功，基本上需要有核心的價值和能耐，為事業發展創造條件。以你所述在校園食堂桌貼傳媒這個經營的項目，的確可以為校園裡的學生帶來不少的好處，這就是你的核心價值之所在。自己要為這樣的價值能耐建立信念，雖然你最終的目標是獲取經營的利潤，但是卻是經由以為人創造福利的過程而達成的。這是一件利人利己，有意義的經營活動，值得你認真投入，積極推動。

一開始沒有客源關係很正常，新事業都是這樣，就算有人牽線介紹，也須要用心的經營，才能達成效果。所以，你得一再的嘗試打通領導認可的關係，不要期待一次就完成交易那麼幸運，以自己建立的信念支持自己的意志力，一而再、再而三的努力耕耘。只要為人創造福利的核心價值存在，經由自己的誠心和熱忱，終究會由生疏的陌生關係，進入到被接納和信任的階段，成功的完成交易。許多成功的事業推展案例，就是以這種百折不撓的精神，長期的持續耕耘，而獲致交易的成果。

至於在自己資源缺乏的情況之下，為了較順利的跨越門檻，與人結合互補的合作關係，也是一種可以採行的方式。合作或合夥，基本上就是一種分享成果的概念，只要把餅做大，也不會比獨自經營來的差。但分享在概念上就不是全拿，如果彼此之間達不到默契和信任的程度，擔心將來疑心暗鬼似的猜忌和磨擦，就不適合做這樣的安排。但如果合作的模式可以成功的順利推進，將來校園市場的範圍還那麼大，彼此分配區域經營，複製成功模式，相信還是會有很好的發展機會和空間。所以，你可以用比較宏觀的態度和胸襟來評估這件事情，不必預設立場，存在太悲觀的看法。

空想不如行動，你的心思有點亂，是因為想的太多太複雜。而且，放大了事情的困難度，使你的創業熱情降溫，也因此快要失去了信心。這樣的情況，並不利於做為創業者應具備的態度。在精神的武裝上，你不但要力圖打開校園食堂的市場，既然可以為人帶來好處的事業，甚至還可以推廣到其他人群聚集的地方。一步一步的耕耘和突破，朝向創業成功的道路邁進！

石老師的建議

恭喜你在人生的起步上，比別人早成熟了一步：那就是有了挫折。只有遇見挫折的人，才會深思才會成長。

看來你的小買賣給你的問題比利潤多，所以不斷的懷疑自己到底是哪不對了？還要不要做下去？還有衝下去有多少意義？這是個信心的危機。我的最後一任老闆告訴我：事業的第一個成功秘訣就是毅力。可惜他五十六歲就英年早逝，否則可以留給我更多的Know How，知道如何從一個小事業做到全球化。

你可以想想微軟的比爾蓋茲和甲古文的老闆，都沒有大學畢業，也能創立世紀第一的事業，就可以知道學校教育只是個參考數值，關鍵在於自己的創意和產品是否有獨特性和持續競爭力。你這小生意的門檻不高、利潤不高，只是創業的試門磚。目的是要讓你瞭解創業的難度和過程，不是要驚天動地，也不是要成家立業，只是個學習的過程。

我恭喜你有個團隊。至少證明你是個很好的領導，有凝聚力，這是很難得的，必須給自己第一個信心，因為你能領導。

第二個問題是經營的能力。經營與管理不同，經營是要思考關鍵性的問題。例如創造利潤、分享客戶、如何做到？如果能夠找到關鍵人物幫你做公關，或是能夠分出去給人家做這叫做分配資源的能力。

第三個問題是管理的能力。就是執行這個小業務的時候，你得到多少滿意度。如果客戶滿意度高，就算短期獲利少，長期就有獲利的可能。至少你有了好的名聲，以及一個最值錢的東西：叫做品牌口碑。

我相信你看得懂老師這段文字，很快整理出一段思緒。大家都在依靠你領導指揮。你要將大旗高高舉起，萬丈高樓平地起，鐵杵磨成繡花針。

人生最難做的習題，就是選擇：to make a better and wiser choice。只是，大家很倔強，總不願意聽自己內心最深處的聲音，而是隨波逐流的人云亦云；甚至認為一切錯誤都是因為時運不濟，時不我予。也許，正確的天時是個關鍵因素，不過要找到天時地利人和三者兼備的條件，那真的是不容易。也可能，根本找不到。

step 05

競爭：無形的殺手

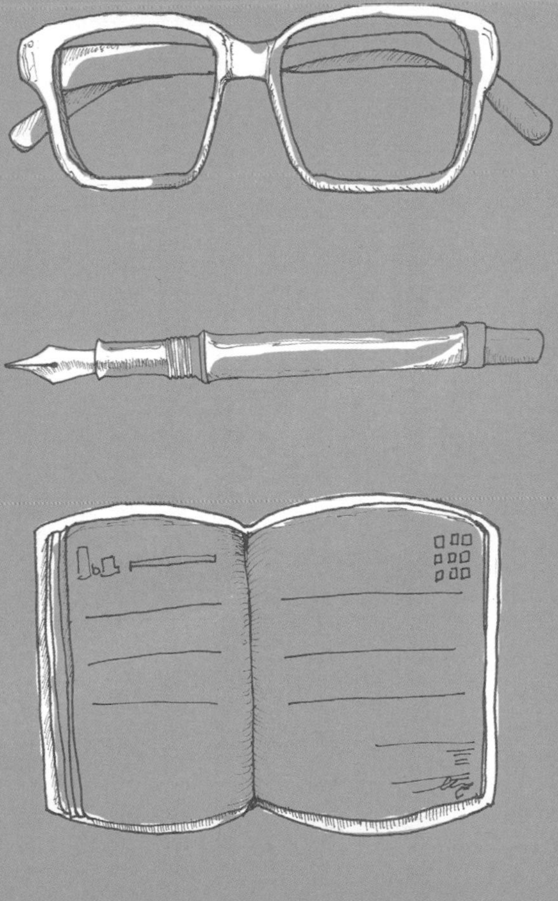

二〇一四年十一月，美國電影藝術與科學學院，授予七十三歲的日本動畫大師宮崎駿奧斯卡終身成就獎。這位一生致力於動畫創作與研究的動畫導演，無數作品都膾炙人口，他以精湛的藝術、動人的故事和溫暖的風格，贏得世界上各種年齡層的觀眾，都浸潤在他神奇的動畫世界裡。

《時代》雜誌對他的評價是：在一個高科技的時代，這位動畫電影導演，用老方法創造出不可思議的作品。大陸的搜狐網則認定宮崎駿的作品是能與好萊塢的迪斯奈和夢工廠三分天下的東方力量。他的作品，每一部的題材都不同，都能夠將夢想、人生、環保、生存融合其中，讓人產生共鳴。

但即使是這樣的大師，還是會有負面的評價。日本漫畫家江川達也，在電視節目裡大砲轟擊宮崎駿，說「他把外行人難以看懂的暴力與色情因數巧妙隱藏在動畫中，這是最危險的。」他表示，這樣的動畫看上去是製作成健康的樣子，其實對觀眾卻有著無意識的影響很危險。他還說此番言論並非忌妒宮崎駿。

江川達也是何許人也？這位一九八三年畢業於愛知教育大學的雙魚座漫畫家，以高產量聞名，代表作有《東京大學物語》、《BE FREE!》、《神通小精靈》等幾十部。一九九二年他開始在雜誌上連載漫畫《東京大學物語》，直到二〇〇一年還沒有間斷。也可以說，在日本小有名氣。

當然，不只是在日本的動畫界有競爭。百行百業，無論做什麼，都有競爭。文人互相輕視，自古以來就是如此。傅毅和班固兩人文才相當，不分高下，然而班固輕視傅毅，他在寫給弟弟班超的信中說：「傅武仲（傅毅）因為能寫文章當了蘭台令史的官職，但卻下筆千言，不知所指。」但凡人總是善於看到自己的優點，然而文章不是只有一種體裁，很少有人各種體裁都擅長的，因此各人總是以自己所擅長的輕視別人所不擅長的，俗話說：「家中有一把破掃帚，也會看它價值千金。」這是看不清自己的毛病。

後世常常會以這把破掃把，來比喻自己雖然不怎麼樣，也得想辦法讓人家看看自己的強項，更何況，本來天下就沒有永恆的「第一」。只要你的產品出現，馬上就有同型的東西比過來。相對的，只要在企業有一個能人出現，立刻就有另一個針鋒相對的人冒出頭。

因此，中國人說有「瑜亮情結」，這是免不了的。沒有競爭，沒有進步。競爭太大，死得很慘。如何能在有競爭的心境底下，保持不受競爭的干擾，而能激勵自己的鬥志。又不會被對手或者自己的情緒所打跨，這可能是一道千古的難題。做到了就是英雄；做不到就是狗熊。成者為王，敗者為寇，極為殘酷。

管理學因此有個著名的手段，叫做「鯰魚效應」（Catfish Effect）。大致是說：挪威人喜歡吃沙丁魚，尤其是活魚。市場上活魚的價格要比死魚高許多。所以漁民總是千方百計地想辦法讓沙丁魚活著回到漁港。可是雖然經過種種努力，絕大部分沙丁魚還是在中途因窒息而死亡。但卻有一條漁船總能讓大部分沙丁魚活著回到漁港。船長嚴格保守著秘密。直到船長去世，謎底才揭開。原來是船長在裝滿沙丁魚的魚槽裡放進了一條以沙丁魚為主要食物的鯰魚。鯰魚進入魚槽後，由於環境陌生，便四處遊動。沙丁魚見了鯰魚十分緊張，左沖右突，四處躲避，加速遊動。這樣沙丁魚缺氧的問題就迎刃而解了，沙丁魚也就不會死了。這樣一來，一條條沙丁魚活蹦亂跳地回到了漁港。這就是著名的鯰魚效應。

換句話說，當領導的人，如果能把這種鯰魚放在一群人裡面，說不定會激勵四周的人變得更有生氣。這也是易經的陰陽理論，如果一群人都是陽，那即便各個都是菁英，會顯得太過陽剛。「過剛則折」，早晚會打得頭破血流；但是如果各個都是陰，那就可能每個人都是唯唯諾諾、墨守成規，組織沒有創新，都成了舊家具。

下面這個真實案例裡的主人翁，顯得如此落寞，工作對他而言，就像是生活在灰暗的角落。

突破工作困境◉13

工作沒存在感，老闆記不住我的名字，怎麼辦？

從去年就一直想寫信給您，但是，我自己很自閉，一而再、再而三地，一直沒能下定決心寫出來，我現在心情很複雜，希望能得到你的一點幫助。

事情是這樣的，我在餐廳找了一份寒假工，本來跟老闆說好做到元宵前，但是今晚下班後，老闆就叫我提前回家了，我們在那裡寒假打工的有六個人，不過他們元宵都要在那裡幫忙，我從剛才就一直在想我被提前叫走的原因，是不是因為我不在那裡幫忙元宵的呢？但是，除了這件事，還有很多讓我一直疑惑不解的地方，就像我們幾個在那裡打寒假工的，生病了，老闆都會叫他們好好休息，還送他們藥，卻獨獨漏掉了我。

我在那打工快一個月了，老闆可能是今天要叫我走，才知道我的名字的吧，我一直在想，我是不是很沒存在感，別人工作兩三天，老闆就記住他的名字了。我也一直在反思，原因是不是我太愚笨了，太不會說話了，也不懂得人情世故，而且很沒自信。

老師，我囉嗦了這麼多，可能你也真的沒看懂我到底想說什麼，我應該真的是很不善言辭吧，而且也很沒自信。我希望您能告訴我，怎樣才能在人前保持自信，不在害羞，能大膽的說出自己的想法。怎樣才能很好的處理人際關係，我覺得我的人際關係一團糟，我討厭跟人聚集在一起，又渴望跟人在一起。

石總經理的建議

人生會有很多階段的經歷，現在這一段對你來說，是個傷心的挫敗，雖然覺得很沮喪，但是卻給你很深刻的提醒，具備了相當重大的意義。如果你能在這次的經驗中獲得學習和改進，將是你在生命中很重要的轉折點，讓自己走出困局，迎向康莊大道，反而是一件好事。

今天你會提出問題，尋求解決之道，就是一個好現象。如果沒有這麼不順心的遭遇，你也一直不知道到底自己發生了什麼事情？為什麼會這樣？這樣的衝擊讓你震驚難過，接著是虛心的檢討反省。而在你自己的內心深處，何嘗不是希望自己的為人處事做對、做好，這樣的起心動念，已經幫你走向正確積極方向的第一步。

我們常說「敬業樂群」是工作的最佳態度，敬業是指對工作的專業精進、認真負責，而樂群就是指融入團隊、與團隊成員打成一片，合作無間、和睦相處。由此來看，孤立自閉不但在工作環境中，是人格上的一個缺點，而且也因為無法與團隊互動良好，合作無間，而被認定為一個障礙。

雖然以你自己的感覺，做事情盡到了本份，既不須與人寒暄互動，也不侵犯別人的領域，凡事自掃門前雪，自認已經是完成了使命。但是這樣的行事風格，在同事和主管的眼中，就是一種另類，覺得是性格上與人格格不入，孤僻不易溝通，或者是高傲自以為是。這種現象或許存在著誤會，而你自己也不認為這樣的表現是故意的，甚至覺得根本就是冤枉。不過，實際上外在的客觀認知就是這樣，而且，問題的出發點就在自己，而不是別人。

雖然說鍾鼎山林，各有天性，不可強也，但實際上在職場的成長生涯中，還是可以透過自我的修煉和訓練，做出為人處事的調整和改變。曾經有一位在職場上表現非常傑出的專業經理人，回想年少時剛踏入社會，在工作團隊中一起生活作息時，只要一到休息時間，由於自己熱愛英文，收音機不離身的帶在身旁，隨時隨地戴著耳機聽英文節目或歌曲，為了得到片刻的寧靜，還經常刻意的避開了人群。於是日積月累下來，不但疏離了人際的互動，更讓人產生了對他的反感，覺得這個人孤僻高傲，貼上了對人冷漠的標籤。儘管他的本性熱情友善，但也在不知不覺中，孤立了自己，別人也把他隔離在大夥的圈子外面。有一次的團隊活動，在休息時間過後，由於自己在偏僻角落戴耳機聽收音機，大家集合往其他地點時，竟然被丟包似的遺漏掉了。這次的經驗給了他很大的震撼，於是徹底的反省和改進，開始主動釋出善意，與人溝通交往，並熱心參與團體活動，成為鼓動熱鬧場面的靈魂人物，並意外的發覺自己竟然具備了鼓舞熱情，團隊領導的天分。後來，在工作的表現上，不但成為同事敬愛的主管，也是行業狀元的代表性人物。

這個例子，很適合給你做為改進的參考。事實上，是我們自己先冷落了別人，才會受到孤立和遺棄。工作的場合，不論對長官、同事、顧客以至於往來的廠商等等，都免不了與人溝通互動，團隊合作。這些應該具備的禮儀和熱情，以往都被你以個性的理由隱藏起來或忽略掉了。也因為這樣，讓你切身受到了教訓，也讓你感到難過。但是，如果沒有經過這種體驗，你可能不知道這樣的行為舉止，會是你生涯發展的致命傷。所以，你要慶幸在年輕的時候就得到這個寶貴的經驗，學習上述例子的成功人士，在反省之後付諸改進。在那裡跌倒，就在那裡爬起來，回頭看已經不再重要，全新的自己，才是你開創未來新里程的成功關鍵。

石老師的建議

疑心生暗鬼。老師認為「猜想」往往是迷惑自己的最大敗筆。以往你在各種活動或者場合中，會不會也都以為別人特別用異樣的眼光看著你，才會越來越對自己產生失落感呢？其實這件事情沒有想像中的複雜，餐廳打工不過是件臨時的差事，提早三五天結束約雇，也許還可以讓你歡度情人節和元宵節，有什麼不好呢？凡事都有正面、有負面，有得就有失，你可以用正面看每件事情，而不是從負面想。

老闆對於打工者的名字記不住是很正常的，畢竟你們不過才來不到一個月。有的人可能很容易記住名字，有的人名字不容易記住，這是很正常的。如果班上有二十個同學，你可能也只能記住十五個同學；而那些可能都是經常與你一起吃飯或者坐在你附近的同學。對於那些根本不在你附近的同學，也許一個學期你也對他們不熟悉，對不對？

每個同學都希望老師能多加關注，每個員工也都希望老闆多加關注，這是很正常的。但是餐廳是個服務業，每天人少事多，流動性大，老闆需要關注的首要任務很可能是招呼客人、菜色好不好、營業收入及支出，對於員工的進出，特別是臨時工，一定會排在次要關注的地位，因此，對於招募的人手，老闆關心的不是這些人叫什麼名字，而是這些人服務的水準。

希望爭取老闆的眼球，或者在人群中吸睛，就必須主動積極的表現自己。這就要把自己打造成為陽光員工，比方說，見到每個人都要問好、立刻展開真誠的微笑、儘量記住同事的名字，多用張姐李哥、大叔、大娘等等親切用語、對於自己的髮型要整理的清爽俐落、服飾面容讓人悅己悅人、對待每個客人都要毫無抱怨、主動積極和熱誠，熟記菜色和廚藝工序，並且每天都有禮貌和文明的舉措。

以上只是年輕人入行的初步，我相信你都有注意到才對。接著就是要練習陽光語言，學習應對的層次，見到不同的客人，該說什麼話，這些具體的表現，才能給自己加分。如果你只是抱著一種打工就是為了賺錢，老闆不關注就是不喜歡我，這樣的心態會在職場上很快的落在人後。

老師的建議是你要重新建立自己。觀察那些在打工中受到老闆關注比較多的臨時工，看看為什麼他們比你強？是長相？是態度？是語言？還是應對。並且排除那些自以為是異樣的眼光，告訴自己，每個人頭上一片天，鯉魚也會躍龍門。

在競爭的職場中，他很寂寞、鬱悶、不知所措，感覺自己被孤立、沒救。這就好像德國著名的哲學家尼采論到人生的時候說：「人生只不過是一場無法逃避的痛苦」。這位存在主義學者還說：「其實人跟樹是一樣的，越是嚮往高處的陽光，它的根就越要伸向黑暗的地底」。

相信我們每個人在工作職場上，都會遇見競爭對手。即使你不在意，別人也會把你當對手。這時候，你要怎麼辦？一位殉道者吉姆．艾略特（Jim Elliot）曾經這樣說：「一個曉得放棄那些不能保持之東西，去得著那些不能失去之東西的人，絕非智者。」尼采也說過：「但凡不能殺死你的東西，都會讓你變得更強大」。

從消極的意義上說，當我們遇見不公平的事，不理性的人，我們好像只能忍耐，只能等待，只能忍氣吞聲；但是從積極的意義上看，這往往才是體現生命價值的所在，提醒自己要轉變、要更努力、要學習、要觀察，找到出口、找出錯誤、找到新的方向、目標。一直等到新機會、新機緣很神奇地出現。

當我們閱讀一個成功人的傳記，很少看到的是他成功以後得到的讚譽，而多半是想學一下，這個人是怎麼克服重重困境的。並且，當一個人跨越的困難越多越大，後世對這人評價就越高、越大。換言之，如果一個人什麼苦也沒有吃過，即使他一生得到的榮華富貴多的無以計數，也沒有人會對他留下好評價。

舉個著名的歷史人物富蘭克林（Benjamin Franklin），他是美國著名政治家、科學家、出版商、印刷商、記者、作家、慈善家、外交家及發明家。他是美國革命時重要的領導人之一，參與了多項重要文件的草擬，並曾出任美國駐法國大使，成功取得法國支持美國獨立。他進行多項關於電的實驗，發明了避雷針、雙焦點眼鏡，蛙鞋等。他還是美國首位郵政局長。

這麼多的美名令譽，想必一生都很順利，有高等學問？那當然不是！這位偉人出生在波士頓。他的父親原是英國漆匠，當時以製造蠟燭和肥皂為業，生有十七個孩子，佛蘭克林是最小的兒子。佛蘭克林八歲入學讀書，雖然學習成績優異，但由於他家中孩子太多，父親的收入無法負擔他讀書的費用。所以，他到十歲時就離開了學校，回家幫父親做蠟燭。富蘭克林一生只在學校讀了這兩年書。

十二歲時，他到哥哥詹姆士經營的小印刷所當學徒，自此他當了近十年的印刷工人。但他的學習從未間斷過，他從伙食費中省下錢來買書。同時，利用工作之便，他結識了幾家書店的學徒，將書店的書在晚間偷偷地借來，通宵達旦地閱讀，第二天清晨便歸還。他閱讀的範圍很廣，從自然科學、技術方面的通俗讀物到著名科學家的論文以及名作家的作品都是他閱讀的範圍。

這種勤學的態度跟香港首富李嘉誠可以對比。李嘉誠一九二八年生於廣東潮州。父親李雲經，以教書維生。李嘉誠是長子，還有兩個弟弟，一個妹妹。一九三七年，由於生活困苦，母親莊碧琴與弟妹留在潮州市；李嘉誠隨父親徒步大半天，到鄰近的集塘鎮宏安鄉生活。父親在當地的崇勝小學當校長，寄宿校內。

兩年後，為了逃避日軍的戰火，十二歲的李嘉誠和父親逃到香港去謀生，投靠了香港鐘錶業的舅父莊靜庵。來港三年後，父親因肺病去世。李嘉誠謝絕舅父繼續供他上中學的好意，毅然輟學求職，養活母親與弟妹。找工作時，他看到許多鄙視的眼光，聽到多少冷言冷語，但是李嘉誠並不氣餒，終於找到一份茶樓小堂館的工作。為了攻克英語難關，李嘉誠上學放學路上，邊走邊背單字，夜深人靜，怕影響家人睡眠就獨自跑到戶外路燈下讀英語；即使在茶樓上班，還利用短暫的空閒靠著牆腳，快速拿出抄好的紙來看一眼。

有這樣的努力，才會有「天道酬勤」。如果從基礎就沒有打好，只想功成名就，那就算很快被拔擢，在自己的位置上也難以坐得很穩。可惜多數人都急功近利，眼看身邊的人都往上跑，自己還在選擇的道路上「犯迷糊」，這樣的人生很容易就被蹉跎過去。以下的真實案例，就是典型的故事。

突破工作困境◉14

從事技術工作，想要轉換管理工作，怎麼辦？

老師，我聽過您的課。你說，人應該考慮自己是在經線、還是在緯線上，我一直在考慮自己，也拿不準在那條線上？請你幫我面試一下？我覺得你說的對，你長期從事人事管理，可能真能一眼看出這個人適合什麼？我是從事技術工作，可是對於公司的管理也有很多想法，我雖從事技術工作，可是覺得對公司管理上的一些問題覺得自己很有思維，不過，我覺得老闆也覺得我只適合搞技術。我們單位二十幾年的歷史，人才運用上老闆比較保守，員工也像你說的很像舊傢俱。

我並不是以學歷看人，但是還是覺得一個管理人才必須有相應的知識，我們公司的副總都是和老總一起創業的，文化水準不高。老闆是大學畢業的，所以他對於新生事物接受還可以的，可是他的副總就不敢恭維了。而老闆又是那種比較重感情、重義氣的人，不捨得殺掉任何一個；還有就是希望大家跟他一樣要有無私奉獻的精神，可是現在的員工，包括副總，我覺得也不是那種人。所以只能用制度來規定他們怎麼去做，可是副總基本不做事情，老總都替他們想好了，告訴他們去做。

石總經理的建議

雖然你在企業裡面做事領薪水，但是你還會從關心自己的未來，留意工作團隊的素質，以及大家對工作的投入是否盡了心力，以至於對企業的發展賦予期待。這是一個很好的現象，可以看出來你的用心，而且對個人以及企業的遠景，具備了方向感的概念，希望可以蒸蒸日上，順利成長。

以個人來說，每個人的專案領域都可能有延伸的機會，從事技術工作當然可以跨越到管理的領域。在專業領域當中，每個人的過程都是由生疏、歷經逐漸的熟練，最後成為技術高峰的專家。過程中投入越多用心努力，成長就越快速，成果也越突出。然而，大多數的技術專家，隨著資歷越來越深，管轄範圍越來越大，自然而然的，就得由獨善其身進展到管理、領導群體的層次，甚至於還會領導跨越的部門。這是一條升遷成長的必經之路，你能付予關心，追求成長，是一種積極上進的表現，值得肯定和鼓勵。你可以先透過管理學方面書籍的學習，獲得一些理論基礎的概念，再研讀一些企業成功人士的案例書籍，了解他們在實務應用上的邏輯，以及待人處事的觀念，做為自己應用上的參考。如此，必能為自己跨入管理領域，以及提升能力層次，帶來顯著的幫助。

至於對公司的經營團隊來說，你們的總經理是承擔最後經營成果的負責人，選才、育才、用才，自然有其一套運籌帷幄的思維和做法。雖然以你的觀察，有些人員在素質和能力上，似乎有不適格的問題。根據你自己的標準，對這樣的情況感到難以理解，內心存在著疑問憂慮。之所以會讓你有這樣的疑惑，大致上有三個原因使然：第一是公司發展的背景有其情誼上的因素，你無法完全了解；其二是在總經理的心目中，仍然肯定他們存在的價值，與你的觀點並不一樣；第三是看整體事件的高度，即使你無法達到這樣的境界，但是也只能相信和尊重總經理的做為，接受這仍然是個最好的安排。

追求完美雖然是最高的境界，用在自我的要求上，可以盡力的要求自己做到最好，止於至善。然而，對團隊而言，卻是講求協力互補，前鋒、後衛，創意者、執行者同等重要。畢竟，容納同質性不一樣的個體，組成一個高效能的運作團隊，是一項高超的領導藝術，這也正是你最值得觀摩學習的地方。

石老師的建議

組織裡往往是這樣佈局的。當你有很強的老總，手下的副總就顯得很懦弱。這也是中國人所說的陰、陽佈局，如果每個主管都很強，可能會讓手下無所事事，甚至於不敢做事或是民不聊生，管理因此是一種藝術。副總什麼都不做就等著拿薪水過日子，這也許是你的看法，有的人很會做官，無為而治，等有天他當老總了，可能就變了個人，勵精圖治。

從事技術工作的想要從事行政工作，首先要加強自己的管理技能，行政工作看似簡單，其實比技術工作還麻煩。無論是採購、倉儲管理、人力資源、財務、總務、研究開發都不是簡單的事。更關鍵的還是要有人際溝通的能力，瑣碎又沒有具體的貢獻感，所以能夠從事技術專業，人人都希望自己能留在技術領域裡。

公司已經二十幾年的話，基礎都已經算是很穩固了。每個企業都有起承轉合，從創業期到開發期，然後是穩固期和衰退期。如何保持不斷的成長獲利，立業長青就是負責人的職責。在不同時代的競爭與挑戰下如何能夠保持屹立不搖，還得靠老幹新枝相互效力才能達成。

用人是一種戰術，自己也就是棋子，如何定位自己，是個很具智慧的考驗。阿里巴巴的創始人馬雲說，一個人心有多大，成就就有多大。多數人都把自己的能力高估了，忘記了自己的責任。這位當代中國最成功的創業家還說：「永遠不要跟別人比幸運，我從來沒想過我比別人幸運，我也許比他們更有毅力，在最困難的時候，他們熬不住了，我可以多熬一秒鐘、兩秒鐘。」

這就是堅持與毅力。馬雲說他為什麼可以存活，那是因為有三個原因，第一是由於沒有錢，第二是對INTERNET一點不懂，第三是他想得像傻瓜一樣。他告訴年輕人說：發令槍一響，你是沒時間看你的對手是怎麼跑的。只有明天是我們的競爭對手。

著名的詩人余光中認為，我們人類對自己的擔憂太多了。許多讀者只知道余光中的作品《鄉愁》，其實他還有許多醒世的名言，值得大家學習。他曾形容偉大的作品，這樣說，一件作品，無論你第一印象是喜悅還是厭惡，只要你直覺它是「誠實」的，你就會繼續看下去，直到你的「忍受」變成了「享受」；接受現代詩與現代畫的情形，尤其是如此。許多讀者或觀眾，由於不能經歷忍受的階段，也永遠到達不了享受的境地。

如果自己也是世界獨一無二的作品，那麼就要學習他所描述的「忍受」與「享受」。自己的一切或許自以為美，他人看你也只能「忍受」；只有當慢慢地理解與接受之後，才可能讓別人或自己「享受」。這個過程有時候很短暫，有時候很漫長，就算是最偉大的莎士比亞，也是在他死後三百多年，被人認定是曠世的奇才。他的著名劇本是在十九世紀初，才為世人所認知。

因此，對於一個階段自己的受挫，或者不得志，只是一篇樂曲的一個逗點，不是句點。遇見人生大大小小的選擇，不妨多多請教，不要自閉。就像以下的真實案例一樣，或許很快可以得到參考的意見。

突破工作困境◉15

工作、興趣與專業，不知該如何選，怎麼辦？

我有個妹妹在讀專科，學的旅遊管理。他想考大學，又不知道該學什麼專業好，你能介紹一下嗎？

石總經理的建議

最好的方向當然是學以致用，專科學的是旅遊管理，已經有了基礎，現在朝著這個專業相關的領域去發展，是最優先的選擇。這也將造就自己因為專業的底子深厚，更容易在職場上發揮競爭優勢。而旅遊管理還是涵蓋了許多細分的項目，包括交通、餐飲、住宿、導遊等，自己對那一個領域特別有興趣，往這個方向去充實學習，為自己未來的生涯發展，做好最佳的準備。

再以一般產業發展的角度來說，每種產業難免都會有盛衰的循環，甚至有些行業還會被潮流趨勢給淘汰。然而，旅遊產業卻可以受惠於所得增加，生活富裕的有利環境之下，產生很大的市場需求。縱使有時會有高峰與低點的波動，也不至於淪為夕陽產業，是一個有發展潛力，榮景可期的產業。因此，最好先仔細思考衡量，如何在這個行業找到定位，規劃自己在職涯發展的藍圖。

如果是自己覺得在旅遊業發展的志趣不合，那就得另外尋找一個新的專業方向。不過在此之前，還是再回顧分析一下，志趣不合的原因有那些?這些原因是否有修正的可能?志趣是可以培養的，不要輕易的放棄了最後的機會。許多未進入職場的新鮮人，由於對行業的觀察，以及對工作的屬性等資訊的蒐集和認知的不足，往往是霧裡看花，有時甚至找不到與自己所謂的志趣完全契合的方向，成為一個苦惱的問題。事實上，每一種專業都存在著機會，也存在著挑戰，唯有認真踏實，努力上進，才可能創造傑出的成果。能以自己的興趣和專長，找到職場的定位而充分發揮，是最佳的理想。但如果事與願違，自己所設定的興趣和專長，難以在職場上找到理想中的定位，那就得回歸的現實面，為自己做好調整，培養能符合行業市場需求的興趣和專業，才可能為自己創造投入職涯的發展機會。

條條馬路通羅馬，只要有目標，立定志向，全力以赴，就會成功。而事實上，自己已經就定位在一個起跑點上，勇往直前當然是最優先的選擇。但如果有更好的理由須要轉換跑道，也要建立新的決心和毅力，不再心猿意馬，為實現新的理想，大步邁進。

石老師的建議

無論哪個人在就學選填志願的時候都會有個疑惑：到底讀什麼才好？我自己也是一樣，在高中要選科系的時候不斷產生矛盾，最早我喜歡研究土壤的，最後念了西洋文學，差距很大。

無論選哪一科，都要符合至少一個要素，那就是所學的專業必須自己有興趣，至於這門學科畢業以後是否可以就業，問題比較小，因為多數學校在設立科系的時候，多半已經考慮過就業市場的需求，否則不會有這個科系存在，學校也要保障自己的利益，不會盲目增加不合時宜的科系。

下個問題就是：我自己的興趣在哪裡？我也不知道。這是很多年輕人甚至是成年人在定位自己的最大問題，不知道自己興趣在哪裡？也不知道自己的專長何在？能力是什麼？該往哪裡去？

我認識很多醫生，他們從事人人羨慕的醫藥專業，但是自始至終都沒有喜歡過自己的行業；相反的，我認識很多開車的的哥兒們，這輩子不過是開著車子到處跑，卻是樂此不疲的工作幾十年。

可見得有時候工作不在貴賤或是收入多少，自己喜歡就能做的得心應手，不喜歡就算賺錢多也是鬱悶終日。

有興趣的事不見得會有能力。我很希望自己能夠開個花店，又很期待自己有一天能開個自己喜歡的兒童禮儀學院，可是我知道即使有財力，也未必能夠經營的起來。許多我的學生嚮往成為影視紅星，可能沒有那種天賦的表演才能，也沒有後臺可以支持，即使想，也難成。

所以自己在踏出人生第一步的時候，就要實實在在的考察自己的興趣和能力，到底在哪裡？不要天方夜譚的空想。界定興趣的範圍大致可以分為二十四個：農業興趣、藝術興趣、運動興趣、商業（經濟興趣）、庶務興趣、溝通興趣、電子興趣、工程興趣、家政興趣、文學興趣、管理興趣、機械興趣、醫療興趣、音樂興趣、數位興趣、組織興趣、戶外（大自然興趣）、表演興趣、政治興趣、宗教興趣、操作性興趣、科學興趣、社會互動興趣、技術興趣。

至於能力的鑒定範圍只有三個：你要問自己的能力，是以處理資料（Data）的能力比較強；還是處裡人（People）的能力，或是處理事務（Things）的能力比較強。找到方向之後，還要對以下四個模組仔細思考且寫出答案：

(1)我可以做什麼（What I might do）
(2)我能夠做什麼（What I can do）
(3)我想要做什麼（What I want to do）
(4)我應該做什麼（What I should do）

如果到這一步你都能想的很透徹，那你的選擇將會十分正確，並且決定後不會後悔。

妹妹讀旅遊管理，屬於服務管理學院的熱門科系，未來繼續讀觀光、旅館管理、休閒管理、餐飲服務都是很好的延續，如果改個方向重起爐灶，那就要按照上頭說的仔細想過，不要忘記行行出狀元，只要努力都有成龍成鳳的一天。

人生最大的競爭對手，往往是就是自己。

step 06

環境變遷：社會變遷、市場變遷、人事變遷

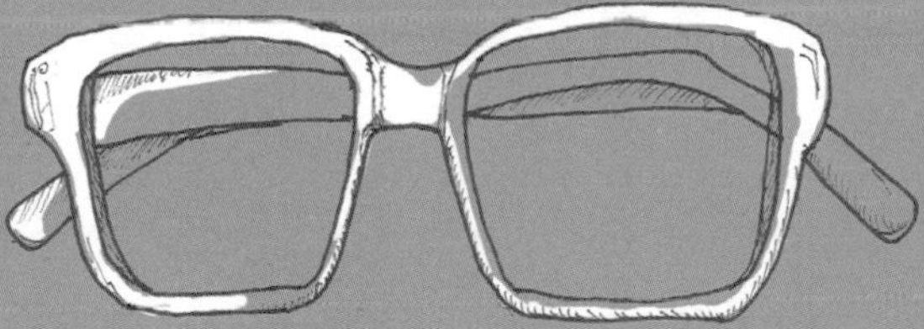

這世界唯一不變的，就是變。計畫趕不上變化，是大家都很頭疼的事。比方說，如果打開三個月以前的報紙看看，人們會發現很多社會新聞已經被人所遺忘。甚至，努力地想，也可能想不出前幾任的重要首長，到底叫什麼名字。那就更不用提科技改變世界的速度有多快，就在二十年前，我們還沒有手機呢？

職場的工作和管理制度也是「苟日新、日日新、又日新」。以生產管理來說，二十年前沒聽說哪家公司有機器人，但是現在偌大的生產線，可能連一個人也沒有。以往拼命喊著節約、節省，現代的財務觀念是鼓勵消費，要會理財，並且市場上一半的東西都變成了網購。

隨著八〇後和九〇後的畢業生進入了職場，老一輩的主管發現他們控制不住。新鮮人不再談什麼忠心耿耿的做事，對企業的忠誠度降低，動不動就拂袖而去。他們似乎不在乎多少工資，更注重的是切身的福利，放假、加班、環境好不好、交通方不方便，只要有一丁點不合乎心願，寧可掛冠求去。

可是，這些新鮮草莓族也有話講。二〇一四年九月三日的今日新聞（NOW News），記者葉立斌就發現，「七年級前段班，也就是七十到七十五年次的人們最淒慘。因為在十八歲剛考上大學，想享受青春前就碰上學歷大貶值，每人都有碩班念，不如以往碩士班學生不太多」。

二〇〇八年左右，這批人當完兵出社會求職，不巧碰到雷曼兄弟引發的金融海嘯，每天都在傳出裁員與無薪假的消息。想去考國考，二〇〇八年開始公職超夯，從高普考到鐵公路錄取率都極低。二〇一三年左右想結婚成家，遇房價歷史新高。而他們以後還會遇上什麼壞事？誰都難以預料。

於是，將要畢業的學生只好「笨鳥亂飛」，從以下的真實案例裡面，可以嗅出一些端倪。

突破工作困境◉16

大學畢業，不知興趣在哪裡，怎麼辦？

大三下學期了，大四即將到來，現在的我不是對自己沒自信，而是不知道自己到底走那條路適合，不知道我的夢想，我的興趣究竟在哪裡？

在讀大一、大二的時候，甚至大三上學期自己感覺對自己的專業興趣不大，所以一心想著就是大四畢業後直接找工作，如銷售，客服什麼的，自己也一直努力著提高自己這些方面的能力，參加了許多活動。在學習上沒有花很大的功夫，成績一直在中等。

但是自從上學期期末生產實習後，感覺自己對專業的態度發生了變化，產生了一定的興趣，生產實習時很認真的對自己專業在實際方面的應用進行了認真學習，新學期全部是專業課，我也表現出了對新的專業知識求知的欲望，希望學到更多專業知識，感覺是自己對專業興趣越來越濃了。

但是我們專業在人才方面需求量很少，再加上金融危機影響下，工作就更難找了。即算找到了專業方面的工作，我又怕在這個行業很難做出一番事業，平平淡淡的工作過日子那不是我想過的生活。

石總經理的建議

當下每一個在職場上工作的人，都得經過你目前的歷程這一關，完成學業，走出校園，開始跨入職場生涯。相對於一直以來的學習生活，這是個生涯上極大的轉變，每個新鮮人處在這個時刻，不免都會有心慌猶豫、雜著不安定的思緒，對前程遠景感到迷惘。這是個典型而正常的現象，唯一的解決方法，就是要克服內心的徬徨，勇敢的踏出第一步。因為，你不可能一直停留在原地，也不可能再走回頭路。而且，你即將發現，當第一步踏實站穩之後，所有的疑惑迷惘，瞬間消失，情況自然明朗，讓你獲得了船到橋頭自然直的體驗。

先建立自己核心專業的基礎，是你進入職場工作的優先條件，專業的能力越好，基礎越穩固，獲得錄用的機會就越高。而將來在職場上的發揮，還可以在專業上精益求精的繼續深入求進步，或者隨著興趣和機會，培養自己的第二或更多的專業，都可以促成職業生涯的發展空間更為寬廣，也可以加快升遷成長的速度。當然，進入職場的還是有很多可以跨越專業範圍的機會，就以銷售和客服的工作來說，很多企業挑選人才的重點，是以具備熱情、幹勁、有禮貌、人際磁場強、肯學習、可塑性高的人選。只要達到學歷上的基本程度，企業將著重於透過內部的密集培訓，塑造成具備企業專長的可用之才。因此，不論你從專業或跨越專業角度而言，只要你懷抱熱情，肯用心投入，就是讓你在競爭中雀屏中選的最大保障。

至於外在景氣的好壞，雖然也是影響就業機會的問題，但企業對於吸收新血的加入，帶動活力和提升素質，卻是維持成長動能的必然需求，永遠不會中斷。儘管名額可能會酌量調整，延聘時間可能拉長，造成了錄取機率的困難度。但是，這種情況對大家來說是公平的，只要有需求，就會有機會，能夠獲得勝選的唯一前提，就是參加，積極的參加。就算是挫折的磨練，也是邁向最後成功的中間過程，有這樣的心理建設，鍥而不捨，全力以赴，必能捷足先登，贏得成果。

石老師的建議

你只是開竅慢半拍，不是笨鳥慢飛。專業在環境工程，而曾對銷售客服下功夫，恭喜你，之前

的學習不會白費，就像既是醫師又懂財務規畫管理，當醫院遴選經理人才時，同時擁有兩種八竿子打不著的長才背景，肯定能夠脫穎而出。

風水輪流轉，有些科目，進大學時，正熱門當道，幾年之後畢業，已好景不再；多年前曾經風光的專業，如國際貿易、電腦資訊、生物科技等，一波一波遞換，就像誰會想到，電腦新貴成了被要求放無薪假最長的行業？

金融危機影響下，公司只會先淘汰庸才，真正的好職員，不需擔心裁員；專業對口工作難找，但真正傑出的專業者，會脫穎而出。你的專業興趣由薄轉濃，正是推動學習傑出的引擎。環境工程的前途遠大，而且長期對地球、對人類重要，按雙軌順其自然發展下去，盡人事，你的未來，絕不會是平平淡淡。

首先肯定自己，環工產業是未來之星，你又有興趣，恭喜你。許多同學的問題都是所學非所用，或是所學壓根兒沒興趣，那樣的問題比較大，現在就得好好學，不能弄的半調子，反而畢業更沒出路。

面對就業挑戰，有兩條路線。首先找專業，異地廣泛尋索，不要急於一時，花半年時間，應該可以找到。但是如果急急忙忙委屈求全，等進了單位又後悔，那就更得不償失。伯樂也要千里馬，有實力不怕沒飯吃。不過，就業前的準備非常重要，好的實習經驗和實踐心得在未來面試的時候都是好材料。那份求職簡歷都靠它了。若是沒有料，簡歷就與常人無異，你又如何脫穎而出呢？

第二條路是找個糊口的工作，先活命再說，然後騎驢找馬。這就看你需要錢嗎？家裡催你趕快賺錢嗎？若是不緊急，就走第一條。缺錢賺錢是天經地義的事情，不過好樣的人即使為了生活而工作，也會在工作中找尋樂趣，工作其實沒有貴賤之分，高矮之別，只要努力個個都有出頭天，行行都能出狀元。

無論是那一家求職網站，都會教導很多武功秘笈，如何寫求職信、如何面試、怎樣選擇適當的行業、以及著裝禮儀等等，還有的培訓單位會讓你花大錢去學一套找工作的技巧。可往往是，條件好的人根本不用教學，就有人搶著要；相對的，很多人花了大把精神，最後幾個月都找不到適當的職務。

找不到工作，往往不只是耽誤了收入；更關鍵的是，隨著空白的日曆一天天的撕去，求職者的心情就一天天的低落。「台灣失業勞工聯合總會」在一篇題為「失業研究」失業對家庭的影響與因應之道的文章中指出，失業者容易產生沮喪、挫折的心理，如果缺乏適當的情緒管理機制，容易產生自怨自艾、自我放逐、夫妻吵架、打罵子女、鄰居失和、抱怨社會等症狀，較嚴重者會出現自殺、甚至是搶劫、殺人、放火等犯罪傾向。失業者心理的變化會衝擊家庭成員的人生觀、彼此間的相處態度及人際關係。

當然，找不到工作也不一定是社會變遷的影響。也許是個人的問題，或者是時機還沒到。著名大導演李安，是奧斯卡的獲獎者。但是，他早年大學考試落榜兩次，當他認識女友（後來的太太林惠嘉）的時候，他才是學士，她已經在讀博士。大學畢業後李安失業六年，兒子出生的時候，口袋裡不足一百美金。

此後他遇見貴人徐立功，漸入佳境。誰也沒有想到，這個曾經窮困潦倒的小子，有朝一日會成為國際上赫赫聲名的編劇和導演，並且至今在影壇努力不輟。在接受電視採訪時，李安被問到他如何創作他的電影，這個看來很內向害羞的人說：「我沒有發現我的電影，而是我的電影找到了我。」

日本的兩個著名的作家大前研一和柳井正，在二〇一一年連袂寫了一本《放膽去闖》，目的在看不下去日本年輕人的頹廢，感覺快要「傾國傾城」了。柳井正在第一章就說：不論是年輕人，還是上班族，多數日本人都抱持著「只要生活還過得去就好」的「向內看」意識。這種心態讓日本再鋪天蓋地而來的全球化浪潮中，根本沒有勝出的機會。最糟的是日本教育職到現在都還在「每個問題都有標準答案」的思維下進行，殊不知在全球化的世界裡，必須致力於研究「沒有答案的學問」。

這位日本首富，著名服裝品牌優衣庫（UNIQLO）的創辦人，大聲疾呼。他說：我常有機會受邀出席以二十到四十歲企業負責人為對象的派對或活動，和他們聊天後經常覺得：「他們只是為了來交換名片的吧！」因為從他們身上我感覺不到任何企業願景或理念，總覺得他們只想「發財」而已。我認為「上班族」與「商務人士」有極大的不同。「商務人士」會主動思考、行動，但上班族只會按照上司指示工作，畫地自限，只完成範圍內的業務，嚴格說來不能算是在「工作」。

大前研一在第五章當中指出，大家都覺得現今的年輕上班族都不喜歡交際應酬，不願花時間經營職場之外的人際關係。我認為會變成這樣都是因為缺乏值得仿傚的榜樣所致。日本人過度希望在工作仕途上一帆風順、平步青雲，才會用盡心思走上其實根本毫無意義的升遷之路。日本學生在找工作時，如果不是應屆順利找到工作，求職時就會哭喪著臉，好像如果不能進一家像樣的公司，人生就暗無天日。

看這一段描述，是不是很有同感？無論場景是日本、台灣或是中國，這樣的描述都好像是似曾相似。只要談到找工作，無論是求職這一方或者是失業這一方，都飽含了各種無奈、傷懷、痛苦。因此，就業難是個困擾；找不到適當的人，更是企業的煩惱。

為什麼招工難？有一層原因是有些企業挑人，有些不對等的待遇，例如婦女懷孕，表面看來是不受歧視，但實際上，挑毛病的主管可多得是。看看下面這個真實案例就知道誰是受害者。

突破工作困境◉17

懷孕工作，公司經理刁難，怎麼辦？

老師，我現在懷孕了，公司經理看我很不順眼，說我各種不是，我把他指派的工作都做完了，他卻說我什麼都沒有幹，還要加派工作給我，說一些難聽的話，我該怎麼辦？他的目的就是把我趕走，前面懷孕的都被攆走了。每天面對一個你討厭的同事，子虛烏有的事就會打小報告，面對一個這樣的人，該怎麼辦？我對他既害怕，又討厭，不知道怎麼面對他，一想起他，我就鬱悶。

石總經理的建議

上班族到工作場所上班，準時出勤，不遲到不早退，完成所分派的或職責上的工作任務，是最基本的本份。然而，受到上級的重用賞賜，除了做到基本的工作態度之外，不外乎是團隊配合度好，效率快，貢獻度高。上班族如果能達到這樣的工作成果，就會成為企業內超高價值的員工，被視為寶貴的資產，也成為被倚付重任和積極培育幹部的優先人選。這些個人所建立起來的形象，是從每一個人第一天到達工作崗位開始，就點點滴滴建立起來的。

有些企業，由於人力資源有限，對於女性員工結婚、懷孕、生產以至於未來照顧家庭事務等，顧慮到身心狀態的過度負荷而產生工作怠惰的現象，以及生產前後比較長期的休假，成為人力替補調度和增加人事成本的問題。基於這些因素，可能蓄意的、技術性製造一些理由，要把懷孕的員工趕出職場。從勞工受到法令制度保護的基礎上，企業主管在沒有正當性理由的情況下，是不能違法做出傷害勞工權益的行為。但往往天高皇帝遠，事發現況與申訴調查的時空背景有所落差。

勞工的立場處於弱勢的居多，這是個很現實的問題。以你現在的處境而言，請你思考一下，也參考以下的分析和建議：

(1)在懷孕之後的身心狀況有沒有什麼變化？會影響工作嗎？如果有不適的情況發生，應該以照顧身體為優先，不必為了工作而過度勞累。

(2)你認為自己在工作上表現的如何？可以算是有正面價值的資產嗎？有價值的員工還是以績效的表現為導向，有許多職業婦女，從單身、結婚、懷孕、生小孩，以至於照顧家庭，在職場上的表現甚至於更加投入，更具責任心而表現更好，也因此更加受到企業和主管的重視，讓他們保留職位，繼續在工作上發揮。所以，保住工作的重要前提，就是在工作上表現出來的貢獻度是否受到重視而定。

(3)人的相處是緣分，能夠和諧並長期愉快的合作，靠的是一份出至內心的真誠。如果你很需要這份工作，而且自認體能上也沒有問題，可以認真的投入工作為團隊的績效表現貢獻心力，就算主管有些不滿意的地方，也可以用真誠的態度，虛心的請教，並尋求更正改進來達到指標性的要求。用誠心誠意的正面態度來面對問題，或許就能得到正面的回應，將內心的陰影和不斷引起猜測的情況予以化解。

石老師的建議

聽來很難受，但是等你生完孩子就應該會找個更好的工作。在一生的工作中，經常會遇見這種人，所以要淡定。比方，美國總統也會有討厭的人，也許就是蘇聯總理。辦公室，基本就是一個戰場，一種競爭。隨著地位愈高，仇人愈多，這很正常。你就要學會做人，注意「做」這個字，是虛的。就算你躲到另外一個單位，還是會有這種人。

這就是社會經驗。一種方法是籠絡你們的上級，只要上級站在你這邊就沒事。如果上級是站在他那一邊，你就要巴結上級的上級，通常他倆也會是對立的。懷孕就不要爭了，孩子第一。生氣對胎教不好。對這討厭的同事就多敷衍一下吧！他對你不好，也可能是把你當對手，表示你還是很強的，否則他還懶得理你。路遙知馬力，做好自己的事，不理他。他說你這不對那不對，聽過就算，不管他。你過你的，他做他的。就當他是沒教養的孩子，就不會生氣了。

小生命的誕生是快樂的事情，將帶給你更多更豐富的生活體驗，儘管還是會有一些新的考驗，

但是總歸來說，將讓你更加成長，也會更認真、更負責的迎向未來的人生。

即使不是性別歧視這樣的事，員工本身也會在工作中遇見情感的糾葛，影響了自己和他人極大的情緒困擾。在第三章裡談到富士康的跳樓案例當中，可以找到很多因為兩地分離造成的悲劇，這在此後第八章當中，還會進一步的探討，以下就以另一個真實案例來說明，年輕人在工作的同時，經歷了怎樣的情感糾紛。

突破工作困境◉18

職場碰到追求者，被男朋友誤會，怎麼辦？

我是一名高中畢業生，剛出來工作兩年，現在一個陶瓷工廠工作。我有一個很要好的男朋友，是高中時候就開始交往的，從交往至今，小吵小鬧有過，但是感情一直很好。他對我也很好，我們都彼此相愛著。去年，由於廠裡年底要出貨，廠裡的工作做不過來，要請外面的臨時工來幫忙，為了方便，我們交換了工作手機號。其中，有一個男的總是要追我的樣子，不時給我打電話，問我有沒有男朋友之類的話。剛開始我也沒有多在意，反正想著這批貨出了，就不聯繫了。可是沒想到下一批貨接著來，還沒有過幾天，那班人又來了，那個人藉故問我拿東西，抓住我的手，要我做他女朋友，我跟他說我有男朋友了，他說就是知道才耍的。我說不可能，他威脅我說，他知道我男朋友長什麼樣、住哪裡，如果不跟他交往就要砍我男朋友。我想這些臨時工做壞事之後可以逃之夭夭，可是我男朋友要是受傷了甚至更嚴重怎麼辦？猶豫了一下的時候，他說不用我做他多久的女朋友，只要二個月，打電話和發短信就可以。這二個月，不可以跟我男朋友聯繫，二個月之後他就離開我們這裡了。我戰戰兢兢地答應了，因為我男朋友那段時間白天黑夜不停上班加班，我實在不忍心他那麼辛苦還擔心這事，結果每次想開口，到最後都沒有跟他說。

在此之後，我每天要給那個人發短信、打電話，有一天太忙忘記了，或者實在不想打了，他會再一次用那個理由威脅我，說你不想你男朋友活了嗎？之後變本加厲，要我每天至少五條短信三個電話，還都要是肉麻短信，讓我快發瘋了。可是一想到如果這樣我男朋友不會怎麼樣就好，又堅持下來了。就在答應那個男的不到十天的時間，由於我手機掉進水裡壞了，需要拿去維修，那段時間我實在忙不開，我男朋友抽空幫我拿去維修，在維修好了之後，我男朋友拿手機來廠裡面還給我，當時的表情我到現在都無法忘記，完全沉默，面無表情，感覺很失落，問他發生什麼事，他說沒有。就在那天晚上，我手機打開一看，原來我發給那個男的肉麻短信有一條沒有刪掉，被他看到了。這下真是跳進黃河也洗不清了，當天晚上，我編了好多理由來說服我男朋友，那是連我自己都不能相信的理由，他不相信，那天晚上聊得很不愉快，但是我不能告訴他真相，要是他知道真相之後會去找那個男的怎麼辦，可能雙方會打起來，到時候我男朋友就吃虧了，我做這麼多，就是為了讓他不受傷，怎麼可以讓他知道。過了兩三天，我男朋友突然去我家找我，叫我出來談，他跟我承認錯誤，說他不應該懷疑我，我知道錯的不是他，是那個男的，當時我不知所措，只是覺得我男朋友好委屈，我讓他受苦了，於是兩人抱著哭，我心裡默默跟他說對不起，再等我一個多月，我們就熬過了。

一天下午那個男的打電話給我，要我晚上要去他那裡，說：「你可以不來，但是你男朋友會怎麼樣我就不敢保證了。」當時我慌了，沒辦法，只能答應。還好那天晚上只是去那裡跟他的幾個朋友打牌聊天，沒發生什麼事，懸著的心總算放下一半。那天晚上我男朋友打電話給我，我騙他說在上司的家裡聚會，但是其實不是，他也猜出來了，因為之前的短信，他還是介懷的。因為這件事，我和男友之間鬧得更僵了，一方面我要應付這個變態，另一方面我還要顧及男友的安全和感受，感覺自己好累。

之後那個男的又叫我去，我真的感覺自己快崩潰了，每次都用同一個理由來威脅我去，有一天我男友打電話給我，問我在哪裡，我很怕他知道，我就說我在家，他就說，那我去你家找你拿東西，我說不要，我還沒有起床，可是謊話怎麼都是圓不了的，他揭穿了，並且第一感覺就是我在那個男的那裡。

那天之後，男友一直都認為我跟那個人肯定有發生了關係，我百口莫辯。我和男友的關係，自此若即若離，我知道他很傷心，可是我的心也是很受傷的。我只是希望他相信我，此後我們分分合合，我深知我內心對他的愛，是誰也不瞭解的，他也捨不得放下我。

有一天下午，他說：「不管你做錯什麼事，我都會原諒你，可是你以後有什麼事一定要跟我說。」之後一個月相處，我盡力對他好，我發覺變態威脅我的事情之後，我變得更加珍惜他了，可能因為以前在一起都是他對我好，他比較關心呵護我，突然一下子轉換角色，兩人都不適應，結果兩人都不開心。每次我一提起春節那個變態，他就煩，跟我說不要說了。所以我也不敢多說，但是始終覺得那是他的心結，不解開不行。

有一天，那個變態打電話給我，說這件事他只是想報復，因為前女友甩了他，他一時間想歪了，就無意間找了我做替死鬼，對我說很抱歉。可是現在抱歉有什麼用呢？我男友對我已經不比以前了，以前是那麼小心呵護著我，疼愛著我，我說一就一、二就二，現在我決定對男友說出真相，約他出來說話，他可能也知道了我要說的話了，這一個月的相處，他也累了。我對他說的話，他不是特別想聽，還沒有說完，他就急著說我對你已經沒有感情了，現在我們無法取得聯繫，我好想見他，我好想跟他重新在一起。我怨恨自己當初發生這樣的事情的時候，為什麼我不跟他講。也怨恨自己做了那麼多，他卻那樣對我。我真的很需要他，我好愛他，我知道他心裡現在還有一點我的位置，我實在不能沒有他，我到底該怎麼辦才能挽回他呢？

石總經理的建議

從你敘述整個過程的言詞語氣，可以理解你的心境，現在是心亂如麻，懊悔在一開始的時候誤判了情勢而做了傻事，也因為無法得到諒解而失去了心愛的人。這真是個慘痛的經驗，對你的創傷很深，讓你陷入人生的低潮，滿肚子的哀怨，正尋求解脫和挽救之道。

然而，再深沉、再反覆多次的懊悔，只會一再的加深你在內心傷口的疼痛，並無法改變過去這一段荒謬過程的事實。現在的你需要抓住的重點和方向，並不是在回想和解釋這一段事實的經過如何如何，而是要更成熟、更坦然的去面對一個新的開始。

每個人的成長都是由經歷的過程累積而來的，有順境、有逆境，在困境、錯誤和失敗中得到教訓，更令人刻骨銘心。所謂的「不經一事，不長一智」，如果這段不愉快的經歷讓你增長了智慧，使你面對未來的生活更為成熟，消除了將來犯錯的事件，如此也就對你轉換成具有正面意義的影響。因此，就從這段經驗，來探討你應學習到以下幾點的體認，以及應該採取的態度，來面對你的下一步進展。

(1)任何以言語或暴力給予的恐嚇威脅，不再妥協屈就，而應該尋求正當的途徑獲得保護。尤其面對這種心理上和行為上有怪異毛病的人，一旦錯走一步，將會陷入無底深淵而終至難以自拔，付出了難以承受的代價。

(2)永遠相信真相只有一個，不論是出於什麼樣理由，任何的隱瞞事實，虛構故事，都無法經得起考驗，早晚都會不攻自破而漏出破綻。為了撒下這個謊，不但要花費更大的精力去解釋、道歉，最嚴重的，將會使自己的信用破產，不再得到信賴。而這段撒謊隱瞞事實的過程，也使你心神不定，態度怪異，不但傷害了人格的發展，也讓關心你的人失望傷心。因此，永遠信守事實真相，才是為人處事正確的原則。

(3)愛情是自私而不容分享的，你的男朋友是真心的、深摯的愛著你，關心你的異狀，對你說的每一句話深信不疑。然而，最終發現的事實是他被矇騙了，雖然你表達了懺悔，並完整的交代了一切的真相過程，但是他因為愛你很深而帶來嚴重的創傷，在心情失望低落的狀態下，也暫時麻木而不知所措。

(4)愛情的傷痕是需要時間來修補的，你們的現狀是處在前所未有的低點。回頭看已經沒有太大的意義，如果你真心的愛著他，那就持續的用這顆愛心，去表達你真誠的關懷，儘管他現在已經失去了連繫，也不影響你對他有所期待的態度。而在他內心受到衝擊的情況下，也需要有一段沉澱的過度期。把一切調整到重新出發的新起點，用你的熱情和真誠，去開啟未來的發展之路。

石老師的建議

雖然你的教育程度不算高，但是根據你寫信的層次與條理，我感覺你是個理性成熟的好女性，現在搞成這麼淒慘的局面，完全是個性軟弱的緣故。那個爛男人就抓住你的弱點，想要讓你萬劫不復。

沒有這麼容易。人類不是為失敗而生，你們都很年輕，都有追求一生幸福的權利；不能被魔鬼勢力逼迫你們到牆角，必須從這裡面脫離，並且追求自己的幸福。不要哭泣，那沒有辦法解決問題。根據你的敘述，我確信你的男朋友愛你，比你愛他更深。所以現在他雖然決定斷線，並不代表他不想你、不愛你，只是這些怪事一再發生，他實在也搞的精疲力盡。

看了你們的對話，我可以深切體會到一個男性對於一份刻骨銘心的愛情所感受到的無奈。既然他還願意跟你的朋友聊天，表示他並沒有自暴自棄，只是感覺一切都被你搞的太複雜、太不可思議、太令人無奈了。最後，他選擇放棄。我可以證明他在這段心情的表白，並沒有不愛你的現象。人生的戀愛軌道本來就是曲曲折折的，但是我們都希望寧可在婚前曲折，不希望在婚後曲折。

老師的建議是你可以鼓起勇氣去找到他。我相信你知道他在哪裡？主動告訴他再給你一次機會，同時把那個爛男人和其餘想動你腦筋的男人事情，忠實的告訴他。男人和家人都會保護你。如果你擔心惡幫會整你們，那就去警察局那裡備個案或者乾脆兩人離開這個是非之地一段時間再回來。

記住！絕不要對暴力屈服，他們只會變本加厲，更不要再與任何一個爛男人接觸。害怕惡勢力不能解決任何問題，只要有人欺負你，就告訴男朋友，這樣才對，不能遲疑。你不要怕，大膽的直接去找他，向他懺悔，向他表白，找回幸福。

無論是哪種問題的變遷，都會造成上班族的壓力與困擾，無法打開心結。

step 07

工作倦怠：零件用久了，也會生鏽

一個人工作多久之後就會倦怠？這個問題恐怕不容易回答。比較接近正確的答案可能是：第一個半年、第一個一年八個月、第一個三年以及第一個五年。

換句話說，如果一個人工作在新的崗位上，過了半年，這個人很可能會想離職。原因很簡單「不適應」。然後繼續撐下去，就發現其實也還好，於是就湊合著往下走，到了一年半，實在是忍受不了，就拂袖而去。這時候的原因比較複雜，有人說這裡沒意思，有人說沒啥好學的，總之會找個冠冕堂皇的理由，走人。

但是，如果這人還做下去，境遇就不同了。到了兩年至三年的時候，有了機會可以看到真正可學的，也得到一定的賞識，這人基本是穩定了。只是到了三年半，又想跳槽了，原因是「挖角」，或者自己想找個待遇更好的。根本原因是，這時候的上班族心態是「我的翅膀硬了」。

經過安撫與晉升，如果一個人還留在同一個職務上，那就是最後一個關口：五年。這時候，一個人真的會認為自己是有了工作倦怠；企業也認為這人是個「老家具」，轉不動了。於是，最好的方法就是留職停薪去遊學一陣子，或者進行轉職，輪調到另一個不同但性質比較接近的工作上去重新開始。

管理學上說，一個人可以管理的幅度，不能超過七個人。即使企業再小，管理者也不可能對每個員工一一過目，事必躬親；更何況，很多現代企業規模巨大，組織架構複雜，有很多員工可能工作了十年八年，還沒有看過大老闆長的怎樣，或者，只有在媒體或公司的網站上見過。

由於沒有老闆的拍拍肩膀或者親自讚賞，許多人因此產生倦怠感。但是，來自頂層的嘉獎，可以讓一個人重新振奮。原因很簡單，前面幾章分析過，人類工作都是抱著自己的一份期待而來的，除非自己的毅力很堅強，這種期待很快就幻滅了，消失了，工作的熱情也就理所當然的變成冰水一攤。

大陸熱心的網友把跳槽分為十大類型，分別是：(1)被迫辭職型。(2)被動拉攏型。(3)隨意無常型。(4)賭氣逃避型。(5)生活所迫型。(6)利益驅使型。(7)見利忘義型。(8)投親靠友型。(9)另謀高就型。(10)戰略轉移型。相信讀者會看了莞爾一笑說，我有很多次跳槽，也都是這些原因。

其實，在企業主眼中，這可一點也不好笑，甚至會欲哭無淚。一個員工好不容易培養到「堪用」的地步，動不動就說要走，以前的學習費都白花了。因此，很多企業都要求員工簽了很長久的「賣身契」，強迫留人，避免可怕快速的人員流動率，影響工作的正常推動與執行。

流動率到底是多少才正常？這也是個難以回答的問題。最標準的計算公式，大致是依照下列三種方式來進行：

(1)人力資源離職率，是以某一單位時間（如以月為單位）的離職人數，除以工資冊的月初月末平均人數然後乘以100%。

公式：離職率＝（離職人數／工資冊平均人數）×100%。

離職人數包括辭職、免職、解職人數，工資冊上的平均人數是指月初人數加月末人數然後除以二。

(2)人力資源新進率，人力資源新進率是新進人員除以工資冊平均人數然後乘以100%。

公式：新進率＝（新進人數／工資冊平均人數）×100%

(3)淨人力資源流動率，淨人力資源流動率是補充人數除以工資冊平均人數。所謂補充人數是指為補充離職人員所雇傭的人數。

公式：淨流動率＝（補充人數／工資冊平均人數）×100%

相信這些計算模式你我都很陌生。當一個人要離職，根本不可能精密的計算過自己應該在什麼情況下該走；而且，多數人離職都很難瀟灑的「揮揮衣袖，不帶走一片雲彩」，多半情形下，也很難「懷念我的故舊」，而是偷偷摸摸或是心不干情不願的離開。

在以下的真實案例裡，主人翁就是那個 To be or not to be 的徘徊者。

突破工作困境 ◉ 19

工作不順心，想要換工作，怎麼辦？

我現在做美容，七月初換的工作。在一個同鄉他老公這裡工作。剛來一個月的時候，我很開心。但是現在店裡人都認識了，一些矛盾也出來了。我原來是專業美容院，現在是美容美髮。現在的老闆很喜歡損人，我不想做了，事太多了，很多瑣碎小事。我今年二十一，想去考幼稚園，想去帶孩子，覺得孩子很單純，沒有太多事，但是我不好意思說。我還考慮過我的年齡不小了，如果再換行業，就不能像以前一樣的幾個月一換。還有四個月馬上過年，我想做到過年，但是我自己知道，我現在心態很不好，所以我很糾結。不知道怎麼辦？我現在不想做美容，一個是業績的壓力，我這人特別不抗壓，還有就是我覺得我現在早九點、晚九點連自己的時間都沒有。元旦都沒有假。甚至連一個月四天正常休息都沒有。還有就是我的手現在做客人就疼，可能是用力過猛。我在糾結怎麼跟朋友老公說，我現在換工作到過年不一定能賺到錢，我拿什麼過年？老師您說我怎麼辦？

石總經理的建議

有些人到了新環境上班，有一陣子的新鮮感和蜜月期，情緒上比較亢奮，顯得特別有勁，也特別快活。但如果沒有保持工作的樂趣，當新鮮感逐漸的退去，面對著每天重複的工作內容，就會開始產生厭煩的情緒。其實，環境和每天的事物並沒有太大的變化，只是你的心態和觀感漸漸的不一樣了，隨之而來的，就是影響到你的行為態度的轉變。

做什麼工作都一樣，重要的是守本份。做一天和尚，敲一天鐘，把應該扮演的角色，和工作崗位的職責做好，也就是說，做什麼，就要像什麼。

而每一類型的工作，也都會面臨不同的壓力，想在工作中謀生，或培養自己的一技之長，就要有這樣的心理準備。工作經驗也好像帶給你實務的訓練一樣，培養你的抗壓和排解壓力的能力。當你每次在壓力之下掙扎的時候，不妨觀察看看別人，有什麼本事可以得到抗壓自處？以作為自己學習調適的參考。也可以問問自己，如果這裡受不了，難道下一個工作就沒有同樣的問題？通過了上述思考的這兩關，才可以理性的來分析自己的志趣之所在，探討如何挑選行業，以及未來發展性的問題。否則的話，一遇到壓力就轉換，很可能讓你陷入像浮萍、跑馬燈一樣，永遠找不到理想的定位之處，而導致一事無成，浪費一生。

現在的環境因為生意不怎麼理想，老闆喜歡損人，工作時間長讓你很勞累，都是你想換工作的原因，而你自己又有希望掙錢存一點積蓄的期待。既然是這樣，你就好好的想清楚，什麼樣的技能？那一種工作是你的志趣之所在？下一份工作的目標方向在那裡？想清楚了之後，基於你現實生活的考量，你只能暫且騎驢找馬。也就是下一份符合你的理想的工作出現和確定之前，你最好安份的在目前的這份工作上繼續下去為上策。如此，最起碼讓你保住現在的工作和收入，也讓自己用多一點時間去評估衡量，到底原先所學的技藝值不值得再繼續堅持下去？這樣比較保守的做法，可以讓你在站穩腳步的基礎上，審慎的考慮如何踏出下一階段的每一步，避免兩頭落空的風險和損失。

職場生涯是我們大半輩子的黃金歲月要度過的重要歷程，不但可以豐富我們的生活，也讓我們從工作中所獲得的報酬，支持我們得到良好的生活品質。而工作的技能，與勤奮的敬業精神，就是支持這些成果的基本元素。除此之外，還要建立一個正確的觀念，了解工作所帶來的意義，就是要服務顧客，滿足顧客，甚至於服務社會，滿足社會。有了這些理念，加上培養行業的技能和興趣，就可以讓我們以歡喜心投入而樂在工作，有了樂在工作的感應，就會促進你更加勤奮敬業，經過了時間的累積和歷練，讓你的工作和事業獲得理想的成就。

石老師的建議

這是典型的服務業案例，無論是餐廳或者美容業，員工都很容易流失，老闆也很頭疼。不過，員工在一種靠勞力掙錢過日子的行業，除了渴望能多一點收入，少一點挨罵，其餘幾乎都是不可多得的了，老闆要能帶人帶心帶出熱心熱情來，那麼就算員工吃點苦，也會比較心甘情願。

老闆每天擺臭臉也是可能的，生意越來越競爭，小買賣賺不了多少錢，還得每天應付水電開支，員工的流動，客戶的糾纏，所以老闆也有自己的苦衷，不過，再怎麼難過，這個生意是自己要做的，既然想開店就得好好做到底，否則弄得員工反目，客戶抱怨投訴，最後還是自己倒楣。

我認為你既然對美容業沒有興趣，那還不如趁早轉行。畢竟你才二十一歲，真正入這一行，也才兩三年，談不上有什麼真功夫或者特殊才能。任何一種手藝，沒有個三五年，是學不成個樣兒的。但是如果你失去了興趣，這份工作只是為了應付生活，那一定做不好的。你該現在就去找新的工作，但是不一定去幼稚園。帶孩子也有帶孩子的問題，不像表面上那麼容易的，現在的父母把孩子送到幼稚園，什麼事都要管，所以幼稚園老師也得經常受氣，更何況，許多幼稚園老師也得有執照才能考上，並不是每個人都可以去帶孩子。

但是我認為你只要找到工作，就立刻有收入，不用擔心沒錢過年，可是，如果你每天委屈過日子，不僅受罪，並且也沒有意義，你可以直接告訴他們你不要幹了，但是你得先找好新的方向，無論如何，不管你下一個工作是什麼，都要堅持做的久一點。俗話說，滾石不生苔，轉業不生財，如果經常換工作，最後吃虧的還是自己。

工作倦怠很大一部分原因是，很累，沒有意思。《中國人力資源網》在二〇一〇年八月十日引述《人力資源管理》雜誌覃劍英的文章指出，在經過一萬個調查對象得出來的結果顯示，職場上近百分之八十的人感到精神緊張和壓力；三分之二的人感到壓抑和焦燥；超過百分之七十的人對工作產生倦怠，表示「不喜歡現在的工作」。

這位作者同時發現，職場上班族到了三十五歲左右，通常是職業倦怠的高發期，特別是工作上有了一定成就的「白骨精」尤為明顯。據調查，從行業上看，教師、醫生、媒體從業者以及辦公室白領等從事腦力勞動者的患病率比較高；從個性角度講，具有敢於開拓和迎接挑戰、獨立性強，並且對自己或他人要求較高等人格特徵的人也容易陷入職業倦怠。

為什麼會有倦怠症，覃劍英說，主要是由於：

第一，工作壓力或挫折打擊的長期疊加。長期的工作壓力和過長的工作陣線讓紛繁複雜的事情接踵而來，打亂了原來果斷有序的工作節奏，改變了原來乾淨俐落的工作風格。工作的不順利，會不斷給人不同程式的挫折和打擊，令人懷疑自身的能力，自信逐漸降低，並且不斷為自己的失敗和工作不力找藉口，產生疲乏和焦慮。

第二，攀比心態。三十五到四十歲的職場人士，往往會期望得到比其他人高的待遇。工作時間長了，工作夥伴、合作夥伴甚至競爭對手之間的交流、對比也會增加。見到經歷和能力和自己相似的人職高薪厚，往往會覺得沒面子、不平衡，失去了平常心，抱怨越來越多，心態逐漸由波動發展到失衡、抑鬱，失去工作熱情。

第三，工作多年進步不大或出現發展瓶頸。一方面還沉浸在過去的豪情與驕傲，另一方面要面對如今能力無法提升、工作力不從心的落差與困惑。面對過去的輝煌業績和如今的發展瓶頸，面對企業（社會）和家庭的多重壓力長期難以調整，感到心理糾結、身心俱疲。

基於以上的理由，剛剛邁入中年的人，最容易職業倦怠，過了這段時期，有的人開始等退休，有的人學會老油條作風，「天下本無事，庸人自擾之」，也就得過且過，看穿世事。這時候，就不會像下面這個真實案例的年輕人一樣的，凡是都抱持著完美主義。

突破工作困境◉20

喜歡追求完美，處處挑剔，怎麼辦？

我覺得自己總是太過於追求完美，雖然知道這樣不好，但仍然難以改正，比如說我的筆記之類的東西，我很喜歡整齊清潔，寫錯了的話覺得塗掉不好看，而往往會重新寫一遍。買來的本子之類也是，前面寫的不好，我就會直接不用，所以有很多本子才用了一兩頁就不用了，很浪費。

石總經理的建議

雖然你自己認為是個完美主義者，但是你卻是用不完美的方法去追逐它，這樣的過程和結果，將會為你帶來許許多多的挫折和失意。久而久之，你的人格發展和自信心將會受到不良的影響，這種異於常態的表現，可能為你帶來的成果非常有限，如果沒有改進的話，也有可能走進一事無成的命運。

追求完美是一種精神，在這樣的理想和目標的支持下，經過了努力的過程，表現在最後的成果上。幾乎所有完美的成果，在過程中都得經歷挫折失敗的層層考驗，唯有不懼艱難，鍥而不捨，不斷改進，才能通過這些挑戰，獲得最後的完美成果。

以你對現狀的描述，對於完美的定義存在著錯誤的觀念，而對於從頭到尾的過程中都得達到十全十美的要求，更是不切實際的為自己增添了許多麻煩。你可能因此受不了艱困的考驗，於是中途而廢，前功盡棄，浪費了很多時間和精力，是非常可惜的現象。如此讓自己長期陷入不滿意，缺乏信心的困局當中，而完美的境界，將會變成高不可攀，遙不可及。

走出困局，就得從健康的心理建設開始。由於天下沒有一開始什麼條件都十全十美的東西，因此必須先建設自己懂得接受這些事實，並學習如何將不完美的現況，經過修正，改進到完美，也能將小完美局部累積，組合成大完美。過程中不怕失敗，改進瑕疵，堅持信念，不放棄，不退縮，直到大功告成為止。由此體驗正確的完美主義價值觀，做一個積極的完美主義實踐者。

當你自己知道自己的觀念不好、不正確，而且在反省中尋求改進之道，就已經是個好現象，所以才會有「知錯能改，善莫大焉」這句話。而改進的重點，不只是觀念，而是行動。希望你持續的抱持著完美主義的理想，做一個腳踏實地、身體力行的實踐者，描繪出精彩的人生。

石老師的建議

是追求完美，或是挑剔？是追求完美，還是喜新厭舊？自己追求完美還能忍受，如果也要求別人完美，處處挑剔，人際很難不出問題。

挑剔的人連帶經常抱怨。有建設性的抱怨還好，針對挑剔的內容抱怨完了，可能也得到解方；如果挑剔抱怨碎碎念，卻不能改變現狀、解決問題，那可是另一種情緒智商的不完美。

個性習癖要改變並不容易。過與不及，與其很邋遢，要求整齊清潔還是略勝一籌。比起心理潔癖，生活行為上的完美潔癖簡單些，調整修正起來相對比較容易，挑剔物件不完美，閒置它也不會對你提抗議；若是不斷挑剔舊人不完美，想丟棄逐新，麻煩就大了。追求完美沒有什麼不對，但是鑽牛角尖就不好了。任何事情走極端就是錯誤，不走極端就是特色。

本子不用不是完美，而是浪費，這是另一種形式的個性瑕疵。克服很簡單，要學會八十／二十法則，找出重要的二十，捨棄瑣碎的八十。這是個人自我管理的一部份，如果你找不到重要和緊急，那就每件事都會誤以為是二十。

優先順序管理分成四大象限。第一優先是重要又緊急，比方說迫在眉睫的意外。第二件事是重要不緊急，都是現在會影響到未來的，例如交朋友、學習、休閒、規劃；第三優先是經常性，緊急不重要；第四優先是例行性，不緊急也不重要。

你要先學會分出這四個，才不會亂七八糟。比方說你的皮包有四種東西：鑰匙、身分證、手機、筆，哪個是一、二、三、四？慢慢練習才可能學會分辨重要緊急，完美不完美不是自己想出來的，是有一定的意義，一定要隨時分出來，才知道次序。

追求完美之前，先確定哪些是真正可以專求的完美；如果每件事都是一，那就值得追求，但是一百件事情當中通常只有三到五件是第一優先的，要慢慢體會。比方說出去找餐廳，可能是二，選菜可能就是一，選湯可能是三，選小菜就是四。

如果每件事都要完美，那就是壞毛病了，這也是人生成功失敗的關鍵；很多人浪費時間，在無謂的挑剔上，得罪人，自己很煩，更不會成功。

想要避免自己落入職業倦怠的毛病，廣西柳州威奇化工有限責任公司覃劍英，在論文裡面建議有七招可以試試看。

(1)調整自己的工作心態：最基本就是要能團隊合作，如果抱著嚴防死守、倚老賣老的心態與同事相處，時間長了難免會讓人反感。企業也不見得會喜歡這樣的員工，長期以往還會把自己的「後路」堵死。

(2)了解職業發展規劃不會一次完成：無力感通常來自人們總是希望一步解決自己的所有問題，而事實上，職業規劃並非一次就能完成，必須不斷調整規劃自己的目標，一步一步接近自己的理想。

(3)充電補習，增強職業資本：接受新的學習計畫、關注專業前沿、保持職業和專業敏感不僅有助於工作、活躍思維，更重要的是增強了自己的職業資本，這將大大提高個人的職場競爭力，遭遇職業危機或職場機會來臨時能從容面對。

(4)職務輪替：輪替可以重新喚起新鮮感，可以幫助上班族克服不切實際的職業幻想，對自己的職業選擇和職業規劃所持有的看法更現實、更清醒。同時工作輪替也是為上班族提供學習機會、並且增加「職業資本」的激勵手段。

(5)管理革新：新管理方法的引進與管理革新，有助於克服企業長期存在的操作、管理上的負面因素和長期得不到解決的遺留問題，也有利於借助外力促使員工用不同的思維、不同的模式、不同的方法解決同樣的問題，從而在外在環境和客觀條件上幫助職場人走出職業倦怠期。

(6)培養健康的生活方式：上班族應該經常運動，每天至少三十分鐘，每週三次。保持健康的飲食，儘量減少咖啡因和糖的攝取，避免飲酒、香煙和毒品。充足的睡眠能夠保證精力充沛，激發創意。

(7)讓生活充滿陽光：在日常生活中安排休息與放鬆、充電與思考；與人交往，尤其與那些心態積極的人交往，讓他們積極樂觀的生活態度感染你，幫助你得到身心平衡，走出倦怠，以更加健康、快樂、淡定的心態迎接你人生中的風雨與陽光。

企業面臨最大的管理問題，也往往都是「管人」的問題。以下這個管理者的真實案例，反映出在企業裡管人的困難。

突破工作困境◉21

主管帶人，只用權威，怎麼辦？

對於目前公司內部的一些人事變動，我總覺得很奇怪。我擔心如果一步棋走錯了會整盤大輸。事情是，原本廠內的某一部門的副課長因為經常混水摸魚而影響內部的管理造成品質受損。我觀察此人一點也不穩重，五官不順，帶人只用權威，因此，上級主管將他調至業務部當課長，主要的用意是讓他可以闖些業績，回廠內調整其心性，結果枉然。最近聽到廠內對他的評語更糟，原本他就不是一位謙恭的人，這下因職務的變動讓他更囂張，無法受到每個部門愛戴。

我是想讓公司進步有所成長，對人品我非常要求，如同對品質的訴求是一樣的。公司組織架構，產銷課（生管）與業務放置一起，是否會有衝突？如此人才該用什麼方法幫他，或者如課堂所教的應該請他另謀高就。他不喜歡上課，也很聰明，但此聰明帶給他的是驕傲，該如何向董事長反應呢？

這家公司初創時，現場幾位幹部都有投資，其中一位股東因個人個性因素、身為採購，做事情完全看他個人心情，其份內的事一定要等到他高興才會去做或等到最高長官董事長生氣了才會積極去處理，我們都奈何不了他？不知該如何是好？

那一位業務課長先生仍以他的權威去恐嚇別的部門，已超過其許可權。你的建議我會轉給長官，但公司的老總只是說，這是他需要改進的地方，或者上司他們還再觀察才慢慢會有動作，這樣正確嗎？老師請介紹我看些書好嗎？關於管理人的問題、或者該如何面對這些人？也許有朝一日我可以藉此學習好好的管理自己的公司。

石總經理的建議

每個公司的工作成員當中，大致上有一個常態的分配，可以分成四大類：特別好的，凡事主動積極，自動自發，並不斷自我要求創新突破，為企業和個人的未來發展著想的卓越人才，大約占百分之十，是帶領公司成長的最主要動力。其次是表現優良的，素質好，團隊配合度高，對企業所訂定的任務目標能夠盡全力完成，大約占百分之四十。接下來是表現普通的，雖然不是特別出色，但是能服從領導，不會抗命鬧事，願意跟隨主管，在指導督促下完成交待的工作，也占了百分之四十。最後的百分之十，則是績效特別差，表現拙劣的一類，在團隊中會調皮搗蛋，配合度不佳，甚至散佈謠言，影響士氣。這樣的情況，幾乎存在絕大多數的企業團隊之中，其中的表現優良與表現普通的部分，合計百分之八十，是穩定企業運作的最大力量。而公司將來能否繼續快速發展的成功關鍵，則有賴卓越人才的精進創新。雖然企業為了提升整體的運作能力，將會規劃對各類型的人員進行在職培訓，以及不同的領導溝通方式，讓績效表現越來越好。但是對於最後的拙劣的頭痛人物，如果改善提升效果不彰的話，最後只能以淘汰，替換新血，來確保團隊的素質往上提升而不受影響。

然而，你現在所指出的這位同事，已經當上了主管的位階，曾經在工作上由於疏失犯錯，造成公司損失和內部困擾，因此被調動職務，將面臨新的考驗。這位同事的行事作風，態度傲慢囂張，在表現不佳的情況之下，竟然還能晉升一級成為課長，讓你深感不以為然，引起你心中的不滿，以及對公司前景的憂慮。基於你對公司的愛護和期待的心情，你有強烈的感觸和觀點，是可以理解的，但對於這樣的現象，也有以下幾點看法，給你做為參考：

(1)這位同事的調動升遷是由上級主管核定發佈的，上級主管自然有他們考量的背景，不在我們的權限和影響範圍之內，雖然覺得奇怪，但也只能再仔細觀察，不必過度的憂心。除非我們能夠把自己的視野提升到上級主管的高度，才能了解真正的原因。而調動到業務部門，則是完全以業績做為考核依據的，時間與達成率的指標將會嚴謹的接受檢驗，是好是壞，立即顯現。這很可能也是上級主管的高招，以業績達成來衡量，如果能做出業績，對大家都有利；如果績效不彰，以致知難而退，也是順理成章，不必有太多的爭議。

(2)這位同事工作表現不佳，似乎不只你看不順眼，其他同事好像也有同感，這種多數的反感已經是他生存上的危機。但問題是你們都拿他無可奈何，既不能更正他，或者是捻走他。在他依然我行我素當中，你們猜不透為何公司主管可以容忍他的乖張行為，而產生滿腦子的疑惑。這個經驗，讓你有三件事情得到自我警惕的機會：第一點，這樣讓別人感到惡劣印象的行徑，是一面自我檢視的鏡子，千萬不要發生在自己的身上；第二點是不要由於過度聚焦在這件讓自己很不爽的事情上，而影響了自己不滿的情緒和觀感，對自己反而帶來傷害而沒有任何正面的意義。尤其是當你提到的已經不只是行事風格的態度，而是以評論相貌(五官不順)的字眼，可見你已經跨越了理性論述的界限，用上了情緒性的發言，是極為不恰當，也應該自我糾正的。第三是不要馬上做出主觀上的判斷和結論，用多一點時間觀察事件的進展，了解公司和主管在管理上有那些見解和盲點。如果確實有盲點，再以長時間觀察的心得，做出適當的建議為宜。

(3)公司組織分部門是為了專業分工，但是終歸還是要整合成效，特別是要避免各部門獨立下的本位主義，反而抵消了戰鬥力。公司將產銷課（生管）與業務放置一起，可能是考慮到產銷合一，相互支援系統更為緊密的優點。每家企業都以業務導向來創造業績，除了業務單位是直接行銷的先鋒部隊之外，其他各部門都是支援業務部門的間接行銷單位。因此，公司這樣的調整，必定有充分的理由，應該無疑問的全力支持。

每個人都有他的優點和缺點，有時候優點大於缺點也是一種存在的價值，要以客觀的高度做全面的衡量才不失偏見。每家公司多多少少都會存在著人事和內在磨擦的問題，而我們的功能，就是找出方法解決問題，消除磨擦，用和諧的團隊力量，不斷的開創新局。

石老師的建議

每家公司都有這種人，害群之馬、不知廉恥。管理上有句話說：好人留不住、壞人趕不走，的確如此；解決之道是建議上層先將他隔離到一個人的單位，也就是說即使當課長，但是沒事可做；然後在開會的時候當著大家的面，奚落他在公司毫無貢獻，再把他的考績逐漸往下拉，直到他的薪水跌到谷底為止。你們暫時不用調整組織，只要調整他的工作內容就可以，讓他做不到工作。也無法跟其它人產生關聯。另研究管理問題的人很多，你可以上網好好找找看。

產銷合一或者分開各有利弊，這要看你們公司市場的氛圍。如果是比較傳統的公司或者業務量不大，產銷合一可以節省開支，讓公司的組織不至於迭床架屋，可以效率更高；而且生產和業務同一個單位主管，比較能夠直接瞭解市場的需求，立即改進生產過程當中的問題。所以組織架構的的問題，並不是固定一概而論，必須實際瞭解你們公司的整體營運才能確立。

但是看來你們的公司山頭林立，管理問題很大。如果最高管理者都不想管這些問題，那麼只好讓時間來解決了，你急也沒有用，想要改變這種害群之馬，光是靠道德勸說一點用也沒有，還是得用些強烈的手段，這個人本來就是人人喊打的，你們又給他更好的職務，那不就是助紂為虐了嗎？一顆屎會壞了一鍋粥，用人必須時刻謹慎。

在漫長的工作生涯中，不產生工作倦怠是不可能的，想要維持工作的熱情四十年或者更長，必須靠自己克服，很難依賴企業的撫慰。至於要用什麼手段來克服，就要看自己的智慧抉擇。

日本作家三宅裕之（Hiroyuki Miyake），在他的作品《成功，一分鐘搞定！》裡面，有這樣一段話值得學習：「一般人之所以想做卻遲遲沒有付諸行動，就是因為沒有這個一開始踩下踏板的動作，只是突然想把幹勁轉換成行動，所以才會遭遇挫折。小行動↓改變態度（幹勁）↓下一個行動↓新的未來藍圖↓為達成新目標的下一個行動。改變早上的一分鐘，一天就會隨之改變。不斷累積良好的每一天，人生就會改變。一分鐘也能辦到的小行動，往往也會改變人生。」無論我們在職場上成功或者失敗，我們都不希望以生命或健康為代價，那是不值得的。

step 08

時間與效率：家庭、社會與工作的平衡

一位知名的企業家在台上演講，口沫橫飛的介紹他傲人的業績。結束後提問，第一位聽眾就問：「請問你，在事業上是如此的成功，是如何經營家庭的？」的確，在事業成就飛黃騰達的當兒，許多人對自己的感情、家庭與婚姻都避而不談。或許這些人在累積財富上是一把好手。但是，反觀他們事業以外的其他，是不是也能一樣的光鮮。當然，並不是說一個人必須要面面俱到才算成功；或者是要賺多少錢才算成功。不過，在成功這個字眼的範疇裡，清算他的全面要比片面來的更現實。

「中華企經會」每年都舉辦「國家經理選拔比賽」（National Manager Excellence Award），至二〇一四年已經有三十二屆。至二〇一三年度為止，已經有三百七十七位得主，包括：總經理類（含執行長）、企劃經理類（含幕僚長及策略長）、行銷經理類（含行銷長）、生產經理類（含營業經理及營運長）、財務經理類（含會計經理及財務長）、研究發展經理類（含研發長及技術長）、人力資源經理類（含人資長）、資訊經理類（含資訊長及知識長）、法務經理類（含法務長）、台商總經理及中小企業總經理類，共分為十一類。

在選拔的初選、複選和決選的過程中，「家庭狀況」雖然不曾列為「卓越經理人」的必要條件，但是，最後評審的委員們，必定會視候選人是否能在：社會貢獻、服務人群、克服困難、行為端正等共同卓越的條件下，才會選出最具代表性的「國家傑出經理人」。

換句話說，雖然一個人在某個領域具有傑出的成就，可以達標為成功的條件，但是如果要成為「卓越」的指標性人物，那麼，必須要完成對家庭負責任、對社會獻心力的共同義務，這個人才會受人尊敬，而不只是羨慕而已。

因此，在事業要與家庭、感情、健康這三者之間取得平衡，事實上是非常不容易的。甚至很多人認為，事業成功的人另一方面往往都是失敗的。這種案例多如牛毛，我們不妨來看看以下這個真實故事。

突破工作困境◉22

感情出問題，工作也不滿意，怎麼辦？

您好，感謝您能看見我的求助資訊！最近感情真的出現了問題，是這麼回事：我倆今年剛剛畢業，我和她經朋友介紹認識的，認識之後就一直聯繫著。出差我倆見了面。之後，我倆每天打打電話，雖然不多，但是還能聊得很好。在這之前，我就跟她說：我知道你的工作不太好找，我找工作比較容易些，所以不用擔心。她是家裡的老大，老大的責任重，我說將來我也一定會孝順你的父母與家人，在我這裡孝順永遠是第一位。我對你的要求不高，孝順，通情達理，支持我，就行了，你有你喜歡的工作，我為你高興，你有高收入的工作，我為你自豪，而我一個男人，養家糊口那是天經地義，跟我在一起我一定會給你幸福的，而且結婚到我家裡，我的家裡也不會讓你受委屈的。

她說結婚的時候要有自己的窩，我說那是一定的（因為我知道結婚沒窩租房子住的滋味），我們可以先支付頭期，然後慢慢還房貸，但是不可能一輩子做房奴，她也答應了。在這期間，我看她上班挺累的，就給她買了零食，聽說她沒有吹風機，就給她買了吹風機，有的時候，早上怕他睡過站，就用手機準時叫她起床，每天晚上打電話，她有時候把工作中的不順向我抱怨，我會給她最大安慰與鼓勵，說實在的，每次聽見她疲憊的聲音，感覺自己真的很不男人，不能在喜歡的人身邊照顧她。

目前我對我的工作不是很滿意，所以就在投簡歷，準備年後換工作，等著我收到面試通知的那天晚上，我把這事告訴她後，她給我來個大轉彎，說我把她當成女朋友，但是她並沒有把我當成男朋友，我說是不是我那些地方讓你失望了，他說不是，她說她想找一個會做飯的，孝順的，有上進心的，愛她的等等，我這些都符合要求，我說我就是一個普普通通的年輕人。她說她目前對我沒有喜歡的感覺，也沒有喜歡的男生，她喜歡一個男生會關心她，看到漂亮衣服給她買，有事情第一個就先給她打電話。

之前，我也感覺到了她並不是很關心我，我也沒介意，因為我認為女孩子不太愛表達。她說，這是她的問題，說讓我別給她打電話，過一陣子可能就好了，可是我真心的很愛她，我不可能不打電話。現在的我很煩悶，我該怎麼辦啊？她說如果喜歡不上我，就讓我忘記她，我說怎麼可能，因為在乎，所以痛苦，因為我一直把這段感情當做婚姻的前奏，等到她想結婚，我們就結婚，我不是在玩弄感情，我是一直真心的。

石總經理的建議

雖然你們的交往才幾個月，但是從你敘述的內容，知道你用情很深，也很真誠，並且，已經把對方設定為將來共結連理的對象。從主觀的立場來看，你的態度並沒有錯，你已經做了非常清楚的表態，願意為她奉獻一切，也準備為未來的家庭責任，對父母孝順，愛護家人，以及做為一家之主的應有擔當，做出了承諾。除此之外，從交往的過程中，很細膩的給予身心的關照，可以說出於真心的愛意和體貼。對於一個自認可以做為結婚對象的男朋友來說，已經具備了應有的條件。但是，婚姻和成為一輩子的伴侶是需要雙方慎重考慮和磨合的事，有些情況，必須站在對方的立場來思考，而自己也要有更長遠的規劃和考慮。

男女雙方成為終身的伴侶是有緣分的，成熟的感情也須要有一個醞釀的過程，從相識，交往，由一般的朋友進入到感情昇華的男女朋友，然後進入到考慮婚嫁關係，準備一起組成家庭和成為婚姻伴侶的共同承諾。就如同樹苗的培育一樣，從播種，萌芽，長成樹苗後，經過培植，灌溉，長成大樹，然後開花，結果，得到了最後的收成。目前的情況，你似乎已經做好了這些準備，但是你的對象在心理上的感覺並沒有達到你期望的程度。這時候的你應該對她了解一下，與你的感情處在怎麼樣的狀態。如果還沒有昇華到彼此應該表態承諾的程度，其實並不表示未來的結合是沒有希望的，你們需要多一點時間來醞釀和培育未來的果實。但如果你不詳細的分析研究這些原因，只是一廂情願的要在這個時間點上要求對方做出重要的承諾，結果當然就會像現在一樣，有可能在她考慮還有太多不確定因素的顧慮下，把她給嚇跑了，給了你一些無法接納的說詞。

還有一點給你參考的，現階段的你，把彼此同意做為結婚的對象為目標。然而，就事論事，婚姻生活是單身生活的結束，卻也是新的共同生活的開始。新生活面對的是長久的家庭生計的發展，需要有許多基礎條件的建立。雖然你的態度一直很正面，表示要一肩扛起，勇於承擔責任，帶給家人無後顧之憂。但事實上你現在的工作或事業還在漂浮草創的階段，難免帶來還沒穩定的顧慮。所以，也可以說，對這份感情而言，你是感性大於理性，而你的對象，則是比較理性的來看待未來的問題。

如果你真心對她有期待，建議你用長一點的時間來培育這段感情，而不要一意執著的要求她即時的表態。只要關係還能維繫著，繼續的用你的愛心和耐心，慢火終能熬出好湯，要有這樣的決心和準備。

最重要的一點，做為要帶給家庭美滿幸福的男子漢，要懂得在工作事業上爭氣上進，才能對你的一切承諾提供保障。這段感情雖然在現階段帶給你一點挫折感，但切莫因此而陷入兒女情長、英雄氣短的困境中而不圖振作。唯有更加理性、勇敢的面對問題，以更成熟的思維和態度，才有可能去扭轉和改善現狀，積極的開創未來發展的新境界。

石老師的建議

我仔細看完了你們的故事，大致上我的感覺是可能她變心了，或者也有了其他對象。這不是你是否愛她的問題，而是她並不愛你。如果，她目前沒有其他對象，而且也對你不在意，那就是她對你還沒有感覺。喜歡和愛不是一件事。她也許喜歡跟你做朋友，可是不代表愛你，更不表示將成為你的對象。

當下，你不能過於強求。一方面要有心理準備，他可能隨時會跟其他人在一起。一方面，你要給他一段時間去想，想一陣子，也許會接受你的感情。你可以用以柔克剛的戰略來試試看。不要給她打電話，但是每天晚上給她發簡訊。噓寒問暖，或者說一點自己工作上的問題，女性很怕「軟功」，你要讓她感覺你是關心她的，並且也要讓她發揮同情心來關心你。

或許你可以停個三五天再給她發一次簡訊。我相信她還是會在意你的。你可以試試看不問她的現況，但是把自己的工作或生活發給她。基本上，這個女孩並不排斥把你當好朋友，但是並沒有認真把你當對象。她只是感覺你還不錯而已。現在談婚嫁或是其他進一步的感情，還不是時候。所以，你不能操之過急，緣分有的話，到時候自然是你的；緣分淺的話，沒了也很容易。

初入社會的男女，一方面要有愛情、家庭、兒女、父母，一方面又要有事業發展，何其不易。在這個時候，要有良好的溝通能力、高超的情緒控制能力和極佳的時間管理能力，是非常重要的。可惜，年輕人往往會沉不住氣，學習不夠快，並且不能見賢思齊。

因此，從一開始在事業上節節高升的同時，這個人就往往會在其他方面節節敗退，並且還自以為是的認為，自己這麼辛苦這麼忙，四周的人都還不能理解、關心，寧可拋棄四周的次要，而就自己的需要。這些人如果是女人，就會被賦予「女強人」或者「女漢子」的雅號。

上班加上交通問題，一個職業婦女可能從早上七點到晚上七點都不在家裡，如果偶爾加班一、兩個小時，那麼「家」就跟「旅館」沒有兩樣，只為了睡覺而已。浙江大學姜幹金在《職業女性的壓力與調適》報告中指出，職業婦女的五種抑鬱症類型分別是：

(1) 犧牲型抑鬱：對強大的壓力無可奈何而產生的壓力習慣。
(2) 關聯式抑鬱：對人的關係理想化而在現實中無法成立。
(3) 年齡懼怕型抑鬱：把自身價值或多或少放在外表。
(4) 疲憊型抑鬱：要使家人受到照顧，又與自己生活需求有衝突。
(5) 形體至上型抑鬱症：自己的審美標準與公眾的形體審美標準不相符。

因此，相較於男性在社會上打拼，女性可能更要知道如何把持自己，運用時間更加得當。比方說，職業婦女，往往要花較多的時間準備上下班，化妝裝扮都較男性為久，卸妝洗滌也比男性略費周章。家務事的大宗，是準備三餐及清洗工作，別看輕這些瑣事，經常性瑣事花的時間很多。長期投注於這些瑣碎庶務，長期下來可能會感覺生命毫無意義。

職業婦女應當儘量學習較為簡便的食譜料理，在市場採購已經處理好的半成品最為適合。偶爾在周休二日時，燒個好菜大快朵頤一番，給自己及家人一份驚喜。在家裡清洗工作的要求是：分段整理、點到為止，絕對不要有潔癖，要求家中一塵不染，弄得自己腰酸背疼，第二天上班沒精神。必要時，也可以請鐘點工及清潔公司來協助處理，他們有比較好的工具及專業經驗，往往可以事半功倍。

照顧小孩與照顧老人，都因為年齡層及身體狀況而有所不同。孩子因個性而異。有的孩子及老人很順從，也能照顧自己，當然就放心多了，可是多半家庭都有本難念的經，所以也要依賴職業婦女的智慧來維持。小孩自幼就要教導他獨立思考的能力，並且給他做良好的示範。許多職業婦女都有錯誤的觀念，認為與孩子相處的時間太少，所以才管不好；因為與孩子相處時間太少，感到愧疚，於是在與孩子相處過程中，儘量滿足他的要求，給他富裕的生活。這一個觀念，往往是錯得太深，而使得往後教養的功夫，要更傷腦筋、更花時間。

孩子讀書成績好壞，不如他品行好壞來得重要。現在是終生學習的知識時代，一個人在校成績只是一個階段的參考資料，未來要滿足一生的需要，必須時刻充實自己，求取更多社會文憑。所以在家的父母職責，是該為子女找出他的才能與興趣，趨使其向有能力發揮的事物邁進。矯正偏差的觀念、設立規範使其成為一個懂規矩、能自己找答案的人。

職業婦女應當理解，與子女相處時的關注與愛護，比時間投注的長短更重要。許多父母經常不在家，但其子女依然管理自己很得體，不像許多父母天天花時間諄諄教誨而一無所獲，得來的卻是反效果。子女教育還往往是夫妻爭執的焦點，有人主張嚴格管教，另一方就主張鬆綁。其實大家都忘了孔子所說的「因材施教」，有的人就是數學不行，但繪畫能力很強；有的人口才很好、相貌堂堂，但讀書就有待加強。所以，教育子女一定要適切引導與提醒才行。

家中如果有病人或老人很花時間。看顧這兩種人，雖然不一定有事可以為他們做，卻需要時時刻陪伴。所以，家中若真有生病老人家，最好找個輕鬆自由一點的工作，才不會在時間和意外中打轉。

職業婦女的另一個問題常是：無暇與家人相處，特別是夫妻。這當然是事實，不過，夫妻也是一樣的道理，感情不是在相處的時間長短，而是相處的感覺。這是要去培養及建立共同的喜好的事物，而不是整天要求對方陪在身邊，就代表感情永摯不渝。夫妻之間的溝通，不在於沒時間溝通，而在於不想溝通，正如許多問題一樣，不是不可能，只是不願意而已。職業婦女下了班，往往筋疲力竭，這時情緒不佳，又要料理排山倒海而來的家務事、老人與小孩，就往往將身旁的另一半放在最後，這時連話都懶得多說，即使回答問題也心浮氣躁，又怎能恩愛、甜蜜呢？能不吵架好像就不錯了。

突破工作困境◉23

感情因工作關係分隔兩地，難以維繫，怎麼辦？

我是一名大四的學生，在這個不適當的時間裡，我開始了人生的首次戀愛。他是一個勤奮、刻苦、質樸、上進的人，我最喜歡的恰恰就是這一類人，所以當他追求我的時候，我很自然就接受了。其實這段感情從一開始就存在一定風險的，沒有「天時」，也沒有「地利」。

他是大我一屆的學長，又分居兩個城市。他所在的公司明年就要搬遷；所以他要重新找工作，而且他還在準備考公務員。而我，有著應接不暇的繁雜事務，一邊要學習，一邊要考試，一邊要找工作，一邊又要準備畢業論文……但是我很重感情，他也重感情，我相信這個世界還有真愛，他也相信，他說要愛我，保護我，不再離開，想做我的後盾，與我攜手走今生。

我們倆因為一點小問題鬧翻了，他說或許他真的不適合戀愛，他的精力全不在這裡，完全平衡不了。這對我是不公平的：愛一個人不應該是讓他受罪，讓他有委屈，既然他做不到，那他還是只能選擇離開。更殘酷的是，他還祝福我早點遇到命中的真命天子，和他一起相伴廝守。

以為沒有他，我會重新做回我自己，可是我錯了，我已經回不到原來那個我，他在迴避我，我怕影響他，他要工作，要學習，根本沒辦法去平衡。

石總經理的建議

我們常聽到對男女情侶祝福的一句話「願天下有情人終成眷屬」，人世間的男女情侶何其多？能夠結成夫妻，恩愛一生，是個美滿的結局。但如果情侶成為眷屬是個必然的結果，那又何必凸顯這個祝福語的珍貴性？這其中的意涵，就是說情人是結成夫妻的種子，有了種子才可能生長，開花結果，而終究如願締結良緣。

而種子在經由灌溉和成長的過程中，有主客觀的條件和內外在環境的變化和考驗，存在著許多的變數，難免要經歷一些酸甜苦辣，悲歡離合的體驗。如此而能成為眷屬，彌足珍貴，成為我們對佳偶的最大祝願。

然而，也有句話說「不在乎天長地久，只在乎曾經擁有」。這句話是在講只要珍惜曾經或當下的人事物，而不在意一定要永恆存在。對你這位情竇初開的少女來說，想當然的，難以抱持著這份隨緣的豁達和灑脫。你現在心緒上的糾結點，在於對當下的情感和未來結為連理的承諾，期望必須同時擁有，同時存在。而這種期待，是美麗的憧憬，並非不可能實現。但是從現實面來考量，需要經過時間和過程的層層考驗，必須有堅定不移的信念，以及情緣相絆的不離不棄，才可能實現你所期待的願望。

因此，你現在的煩惱和內心的糾結點，就是因為現狀的條件，達不到你對兩者兼得的把握或承諾。不過，你也不必為此過度悲觀消極，所謂愛情與麵包，這是年輕男女要成家立業之前，都會遇到的問題。當你籠罩在愛情憧憬的感性世界裡，你得用理性的思維和態度，以下列的做法，築夢踏實的去實現你的理想，編織美麗的人生。

(1)首先彼此在課業上和工作上用心努力打好基礎，為自己的前途發展創造條件。有這樣的條件，才有可能為幸福生活帶來保障。否則，一切都只是空幻夢想，沒有任何機會可以讓你現在的願望得到實現。

(2)由於你對這段感情有不願割捨的珍惜，因此只要仍然保持一線聯繫，將來還是可以在通過長時間的信息交往，使彼此之間的了解更加深入成熟，愛情經過冷靜平淡之後再度升溫，還是有結合的機會。感情真摯不移，時間和距離的考驗都不是問題，所以才會有自古以來許許多多「千里姻緣一線牽」的佳話，這也是你可以維繫希望的最基本做法。

(3)在上述的前提之下，在未來成長的過程中，就更能以平常心來面對人生可能變化無常的發展，雙方都可能有不同的新觀點，或有新緣分的發生。而到時候的成熟和理性，也讓你知道如何做出最佳的因應和取捨。

這是你從完全的感性世界跨進理性思維的關鍵時刻，是成長的必經階段，就讓迷惘、悲傷消沉的心情短暫停留，悄悄消逝。整理一下健康、正面的思緒，好好的擬出能兼顧感性與理性規劃，為自己鋪陳出一條踏實的人生大道。

石老師的建議

首先恭喜你，初戀是如此美好而矜持的。一個學生在大四才開始戀愛，並不算是「不適當的時間」。愛情是沒有時間限制的；也是沒有選擇的。也許你是出生於保守的社會和保守的家庭，可以想想看，即使以往封建社會裡的帝王將相，也有很多人在十幾歲就結婚了，而他們的婚姻也並非是兒戲或者是悲劇。

依照信上的描述，你的對象應該是個認真努力的男生，為了生活而拼博，這也不只是「窮人」才應該做的事；難道有錢人就該坐吃山空嗎？更何況每個人學習以後就應該應用於社會，否則豈不是愧對自己、家庭、社會和國家嗎？

在校青年對未來很迷惘，對社會很懼怕是很自然的。對於自己未知的未來，每個人都是充滿了「期待又怕受傷害」的心情，一步一步的邁過去。初入社會的新鮮人，為了適應競爭的態勢，以及未曾學習過的社會課題，也要有一段發展期，所以說，每個人生都會經歷自己的盲從、學習、改變、適應和建立期。

其實你和男友只是個小誤會而已，沒有必要引起軒然大波。更無須為此想到感情和事業會有什麼巨大的分野；即使有的話，美好的感情生活只可能給未來在事業上拼搏的男女加分，因為有了相互扶持和打氣，讓挫折和傷痕能夠很快的撫平。你們都太理性了。希望當你讀到這封信的時候，春天已經來了。

從這個女性的案例來看就知道，在勇敢邁出第一步的感情同時，年輕人必須考慮的太多也太複雜了，為了這些產生的爭執、矛盾、誤解與糾紛，也往往扼殺了一段美好的、純真的感情。到最後，婚姻成了物質上的交換條件，這樣的婚姻初始經驗，也就造成男女未來在一生的相處上，有了利害關係為因果。

而這樣的因果，也就造成婚姻的嫌隙。之後要產生外遇，那也就似乎是指日可待，不是什麼新聞了。看看以下的真實案例。

突破工作困境◉24

主管外遇，面對主管夫人的詢問，怎麼辦？

最近在工作上遇到些問題，讓我感到有些困惑。我的主管對工作相當熱衷，在專業知識上也是具備齊全。一路艱辛爬上主管的過程中，難免在事業上會遇到瓶頸。當主管在事業上面臨瓶頸時，我將盡我所能做好一位得力的幕僚。因此，我的主管對我是相當信任可靠。

可是，就在主管在業務上面臨瓶頸時，我無意間得知主管到大陸出差認識了一位女友（外遇）。對於主管的私人感情問題，我將公私劃分清楚，留意不要擴大。即使我的口像針縫的一樣緊，再怎麼謹言慎行，也有第三者洩漏風聲。紙包不住火，終究還是被主管的夫人得知真相。

對於主管的出差行程安排我較為清楚。為了此事，主管的夫人曾經詢問過我好幾次，我也順利的對應了幾次。如今事實已擺在眼前，我又該如何為自己的主管包庇辯護呢？另一方面我也體會主管夫人的心情，深感同情。天下沒有絕對完美的人際關係存在。

站在公司的立場，有著公司法規來支撐考慮問題，給予適當處理對策。可是站在私人感情的問題，卻沒有任何標準可衡量。我該繼續做好主管的得力助手好呢？還是做好主管夫人的眼線呢？不管是站在哪一方的立場想，都可能失去他們任何一方對我的信任。對於公事及私事兩者共存的壓力，卻讓我內心感到為難與掙扎。在如此失業率高且不景氣的狀況下，我該如何扮演好我的角色呢？雖然內心感到掙扎，但我相信一定有方法可以克服。

石總經理的建議

其實，你現在保持的原則已經很正確，將公私劃分清楚，對主管的私領域謹言慎行。這是我們在職場工作的人，應該堅守的待人處事的分寸，儘管對許多見聞，還是會有自己的感覺和看法，但是，公私分明，不介入私人感情問題的態度，才能讓自己免於陷入糾紛的困擾。

至於你現在感到困惑和不安，來至於內心的自責，認為主管的夫人已得知真相的原因，是由於自己的疏忽所造成。但是就事論事，任何的事情真相都不可能完整的被隱藏，其中必定有蛛絲馬跡會漏出破綻。尤其是生活在一起的家人，會有切身的體驗發覺不尋常的現象。然後，可能就會循著主管的行程和接觸的範圍，去拼湊出追查的真象。對你來說，只是整個拼圖中的一塊，而且事實基本上也無從隱瞞，不必為此而過度自責難安。

基於公私分明的原則，就沒有必要當主管家人的眼線。原因之一是這並非你的工作職責，沒有任何規定要你接受主管家人的要求。原因之二是可能造成的後果，讓你擔當不起。有句話說：清官難斷家務事，就算是清官，也難以排解判斷家庭的糾紛爭吵事件，何況你只是一位主管的助理。而在本著勸和不勸離的待人處事原則之下，如果在適當的時機，可以幫助緩和主管和家人的爭吵或離異，你可在不失分寸的情況之下，做出消除衝突的協助，則是一個值得鼓勵的方向。

人的隱私和家庭背景因素所延伸出來的問題，是個相當錯綜複雜的難題。更何況有些人還會在某些時段，某些場合迷失了自己。在某些節骨眼上，如果不是經由旁邊的人給予點醒，以及家人給予的寬恕和包容，往往演變的結果是一發不可收拾，推向破鏡難圓的悲傷結局。這件事發生在你眼前，當然有你的感觸和見解，由於影響力可能有限，因此，只要做到不加劇衝突，量力而為協助化解，就算是很得體的因應了。

看清楚、想清楚事情的成因和演變，你的定見和定力自然就會產生。雖然私事還是會有困擾，但至少能把私事的干擾降到最低的程度，放心的投入你的工作本份。

石老師的建議

真高興你在不知所措的時候會來問我這個問題，其實我在以往工作時，也遇見過這個問題很多次了。

首先你要知道，大陸台商如果沒有帶家屬，在大陸出差，都有外遇，很少人是倖免的，這是公開的事實。但是這些人是逢場作戲，還是偶而瘋狂，只有當事人心裡明白。你的角色是秘書，並不是老闆的情人，所以不必迴避什麼，公私分明吧！

如果老闆娘要老闆的公開行程，你當然要照給，但是他私下做些什麼，你也無法證明，當然也要置身事外，明哲保身。

好在，外遇的男女主角不是本人，而是公司的主管和家人。只是，很明顯的，只要是一個家庭有了婚姻或感情的變故，受影響的就不只是一個人，而是四周的人。如何維繫工作、家庭與身體的平衡，是一種智慧，更是一種學習。

step 09

意外變故：期待的總不發生，沒想到的總會發生

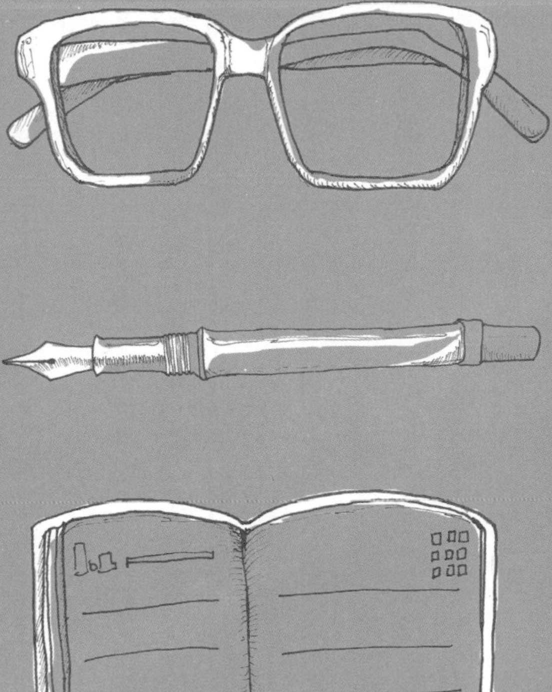

人生如果總能按著自己想要的腳步走，那就好了，可惜的是，計劃往往趕不上變化。上帝總會在每個人的高山低谷中，給予人大驚奇。

約翰．史崔勒基（John P. Strelecky）是美國著名的激勵演說家，他曾經放下事業去當背包客，後來擔任財星五百大企業家的諮詢顧問，並在大學擔任講座、在廣電媒體擔任專家來賓。他在《生命CEO：讓人生曲線永遠上升》這本書裡面有這樣一段話：「面對人生，我們有兩種選擇：一種是先寫下自己想演的劇本，然後創造出能達成這個目標的人生，不然就只能演著別人的角色，度過一個遠比自己期望的結局更為遜色的人生。」

每個人當然都能希望戰勝命運的安排，走向自己的理想目標，完成自己想要達成的使命。然而，事情的發生，往往是事與願違，當我們努力了再努力，卻發現那目標好像離開自己愈發的遙遠了。《生命CEO：讓人生曲線永遠上升》是一個虛構的小說類勵志故事，描寫一個虛構的主角湯瑪斯有一天走近一個小小的博物館，看見裡面掛滿各種圖畫和紀錄，他有感而發，認為如果能把我們的一生紀錄下來，成為自己的「生命博物館」，那我們要如何對自己的這一生負責和紀錄？因此，湯瑪斯說：「即使是天堂，或者是來世，不管你如何想像死後的世界，實際上我們自己就是生命博物館的永恆導遊。」

的確，如果我們每個人走進自己的生命的博物館，我們肯定不會只是像《湖濱散記》裡面的梭羅一樣，輕嘆一聲：「時間只是供我垂釣的溪。我喝著它；喝的時候我看到，河的底是多末淺啊！牠的汩汩的水流逝去了，可是永恆還留著。」而是重重的踏下一片灰塵，輕嘆自己的無能為力。

許多時候，我們面對變故，真正是無能為力，只能束手就擒。《生命CEO：讓人生曲線永遠上升》有這麼一段話：「人生最可笑的就是，我們相信自己長生不死，我們總以為都可以拖延，因為還有更多時間和其他機會，但那只是人生最大的幻想，你必須在還能做時，去做你想做的事，你知道目前二十幾歲的人，每六個之中會有一個在能退休之前死去，有將近百分之三十的人會殘廢嗎？人們工作了四、五十年，以便哪天可以退休，去攀登法國的艾菲爾鐵塔或到澳洲內陸探險、漫步倫敦塔等，但他們從未實現過，最後頂多是坐在遊覽車內觀看名勝古蹟，因為他們不再有體力了。」

因為要努力攀登高峰，但是卻又走錯很多冤枉路，所以人類顯得很蒼茫。特別是家庭中有了變故，身體有了疾病，好友突然辭世，工作不能穩定，一切的變故，往往讓我們變了樣，走了調，下面的真實案例就是鐵證。

突破工作困境◉25

工作不順，情緒失控不肯就醫，怎麼辦？

現代人多少有些精神官能症吧！我的家裡就有人沒能調過來。妹妹嫁給軍中長官，被迫退休後就出現身心失衡，年紀相差很大的老公很快也退休，對她又是一層打擊。幾年前老公好不容易做成功了一個工廠，卻腦中風摔跤，沒幾星期就在醫院過世了。

她的躁鬱現象一重嚴重過一重，尤其在公共場合大哭大鬧，所有的親友都被她嚇過，她卻留著一道「理智」，不肯去看醫生，說不要被叫神經病。我覺得奇怪，她這情況，工作卻沒斷過，就算多半做幾個月，照樣再找得到工作。

姊姊和她較親，早期擔心時說怕她會被關一輩子，這些年挨「整」下來，即使明知她是病，也說她無「病識感」，放棄了。老師能不能給些建議，怎麼才能讓她去看醫生呢？

石總經理的建議

幾年來工作的不順遂，加上家人的變故，使她在長期的精神壓力之下，產生了躁鬱難安，甚至於情緒失控的現象。其實，任何遇到這種情況，難免多多少少都會因為情緒上受到打擊，而出現了不安定的情形。看在親人的眼裡，覺得她的異常表現，跟原先的模樣完全變調，特別感到心疼不捨，也是個常態。

你的見解是希望帶她去看醫生，接受必要的諮商和治療。但真正的目的，是希望她早日擺脫不安定的心靈，走出悲傷難過的陰影，不再出現失控痛哭的現象，回復正常的生活作息。

她能夠不斷的找到新的工作，證明仍然有足夠的安定力，可以在職場上得到一個工作的定位。這不但表示她並非完全失控，而且有能力可以處理為自己謀生的事，這是她拒絕看精神科醫生的原因，同時，也是值得你肯定她的自我感覺，不像你的想像中那麼糟糕。而在這個時候，執意要她看精神科醫生的做法，可以稍緩一下，以免刺激她的反感。

心理上的療傷止痛需要比較長的時間，而且，是以逐漸緩和的情況慢慢的改善。這段復原的期間，親人和知心好友，通常扮演者至為重要的角色。尤其是親人，因為是血緣的關係，始終不離不棄，並且，可以付出加倍的愛心給予關懷鼓勵。縮短了走出傷痛的時間。通常，看到自己的親人躁鬱不正常，會帶給旁邊的親人更加的緊張，這時候，更需要以耐心來陪伴和安撫，以避免因為過度干涉和執意要求就醫而造成了反效果，對病情的改善反而沒有幫助。

先求緩和，不再惡化，再求改善，脫離煩躁。多以親情的愛心關懷她，陪伴她。有句話說：寧靜，可以致遠。她現在正需要的，就是這份寧靜，只要是能幫助她獲得寧靜的各種做為，都值得一試。當然，看醫求診也是其中的一項做法，但如何引導她接受這份提議，對身旁的親人來說，也是一項耐心關懷的考驗。

石老師的建議

我教會的一位姐妹情況跟你的妹妹真的很像，她本來長的很漂亮，家裡也很幸福，老公也不缺錢，但聽說某一天有段不正常的感情，就變得行為不能控制，會大吵大鬧和離家出走，帶給家人麻煩。最要緊的一點就是，這樣的人會留下一道「理智」，不肯去就醫。她會跟我們正常的人一起吃飯做事，有時候還會說些很正常的話，我們都為她禱告，不去刺激她。

實在說起來，這樣的人是介於正常和不正常的臨界點。她們還沒有成為真正的精神病患者，但是精神官能症的徵候已經相當明顯，再下一步就會有暴力或者自殺的意圖，因為她們的腦子中間幻想的區塊很明顯，以心靈大師托勒在「一個新世界」的說法，人生下來就有「痛苦之身」，這個痛苦之身遇見刺激就會像是魔鬼一樣的顯現，而且會反抗，痛苦之身是與生俱來的。

此外，每個人都有小我（表我）和大我（心智），或者說表我或者裡我，表我是外顯的我，許多情緒和不規則的心理反應，多半從這個小我產生，對醫學家來說就是某些視覺資訊沒有經過視覺皮質就進入腦內的杏仁核，所以四肢身體會做出許多錯誤的反應，舉例子來說，你的妹妹在失去親人的時候，可能會憤世嫉俗的表現的極為反常，那就是人的小我告訴自己的大我說，你（其實就是我自己）太可憐了，這世界太不公平了，從此你失去一切親人了，你根本活不下去了。

其實，一切外在的世界什麼都沒有改變，只是這人心裡的小我強力的抗議，加上內在原身所帶來的痛苦之身（基督教稱為原罪）全都到齊，所以你的妹妹的大我（或道家所說的原神）徹底的被泯滅了。

要想她回來必須要費極大的調適，進入醫院或關起來治病會讓她的內在抵制更加劇烈，可是不去看病也會給家人或者社會帶來極大的困擾和不安，她現在急需的是要本我還原，換句話說，目前的一切苦難都在消耗他的能量，她必須設法回轉到本我能夠自愈的那個階段，才能借助大自然或者說是宇宙的能量恢復自我。

簡單的說，妹妹需要的是一份安定心思的社會服務工作，同時要有一個心理治療師在身邊隨時幫助他還原自我，這樣的心理治療師會找出壓力源，並且借助心理治療的各種手段，比方宗教、音樂、鍛煉、氣功、冥想、瑜珈，甚至某些藥物和自然食品，把她從穩亂的心境（磁場）中帶出來。

韓國首爾的趙鏞基牧師在一九三六年二月十四日出生於韓國慶南蔚州郡的三南面校洞裡面，他在高中二年級十七歲時，因罹患肺結核而瀕臨死亡。但在病床他上卻開始認真的背英文辭典，燃起生存的意志。一九五八年趙牧師自純福音神學院畢業，一九六四年他所建立的「純福音復興會館」已有三千信徒。為了收容日益增長的信徒，他不顧眾人反對在汝矣島興建教會。石油危機卻在施工不久後發生，韓幣大幅貶值，最終無法負擔大筆建築費用，而中斷施工。信徒發起「拯救教會運動」，能容納一萬人的聖殿終告竣工，到一九九二年該教會信徒已經突破七十萬人。

他說：「我們的人生有限，是受時間、空間限制的三度空間人生。但是，這並不代表一切。若以宗教的觀點來解釋第四度空間，就是指屬靈的世界。因為人擁有靈魂，所以人雖然在三度空間裡生活，卻也屬於第四度空間。」如果我們也能用超越時空的眼睛來看自己的宇宙，或許我們的心情會豁然開朗。可是我們很難做到；即使是修行很好的師父和教徒，都會有力所未殆的時候，更何況是普通人。

一九八八年四月二十五日出版的新聞週刊中，曾經花了六頁的篇幅談到工作的壓力，並且明白的說：在辦公室的世紀裡，隱藏著一個骯髒的秘密字眼「壓力」。因為，我們的工作正在在殺了我們（Our jobs are killing us）。不知道從什麼時候開始，我們很習慣的在一睜開眼就想到簽到的時間快到；老闆又要催那份報告。中午吃午飯的時間要打開電視看看股票行情；要和同事打打交道，套套情報。最糟糕的是下班以後也不忘在飯桌上談談公事，走路坐車時也都和白天的情緒聯結在一起。甚至於挨了一頓官腔，晚上都睡不著覺，心中鬱結，徹夜輾轉仿夢魘當中。

壓力存在於工作中的每一個階層，老闆有老闆的壓力，員工有員工的問題。甚至冷氣空調的噪音，和無孔不入的電腦資訊情報，也成了罪魁禍道。美國有四分之三的上班族有壓力的問題。連心理學家都常常束手無策，而提出「打或跑」（fight or flight response）的論調。

一個人的壓力不是突發性的，而是累積性的。這就好比天平上的砝碼，有一邊不斷放下秤錘，另外一邊就會傾斜，並且隨著砝碼愈加愈大，另一邊的承受力就愈來愈薄弱。比方說，這是禮拜一下大雨的清晨，你要去參加重要的晨會，而且要對大老闆和大客戶做報告，壓力自然就很大。原因是星期一多半人很疲累，加上下雨會堵車，加上要開會，要面對客戶或領導，每個因素都會增加壓力的指數。這時候如果車子壞了，今天又重感冒，昨天晚上跟老婆吵過架，孩子今天生病住在醫院……每個因素又會增加更多的砝碼，你就會顯得非常不平衡。

要避免被工作謀殺，我們必須在觀念上，把生計、生活和生命三者分得清楚。工作是生活的一部份，生活加上工作也僅是生命的一部份，工作的壓力只應存在於工作的時段裡，不應帶到生活裡，更不代表整個生命。人生一切過程，包括心靈和肉體的經驗都是過渡和超越兩個階段而已。在某一件事情或一種想法上走不通之後，就自動逃脫或是返回原來的起點上。這就好比一個個不同的關口，有形無形的等著我們超越，第一次闖關時壓力最大，等過了這一關，再看看過程，也就不覺得難度有什麼逼人之處。

下面這個真實案例，其實也沒有什麼大不了的，但是對當事人來說，就好像要活不下去。

突破工作困境◉26

懷孕了，媽媽卻反對男朋友，怎麼辦？

我想請您幫忙，問您個事，是這樣的：我有一個男朋友兩人相處了不太久，雙方父母都不太同意。但是現在我懷孕了，我男朋友是學佛的他不想流產，我也不敢也不想。可是不知道應該怎麼處理了。

今年，我剛畢業，和我男朋友是網上認識的，大學期間我對佛教還有心靈方面的東西感興趣，他正好學佛，所以就很聊得來。之後，兩個人同居了。但是我媽媽很反對，因為我男朋友是單親，家庭條件不好，學歷也不高，目前也沒有什麼事業。他還是回教徒，他媽媽也不允許他找漢族女孩。目前我們兩人家庭都很反對。我不知道要不要把懷孕的消息告訴父母。害怕父母很強硬的不同意而且傷心。您覺得首先我應該把這件事告訴父母嗎？我本來想瞞著父母，生下來就交給他姐姐養的。

石總經理的建議

以目前的情況來看，似乎一切結婚的條件都還沒成熟，原先的心理上，也沒有這個準備和期待。但基於你們對宗教的信仰，以及接受新生命來臨的共識，組成新家庭就是一個決心的問題。在這個決心之下，你們得以誠懇的態度，獲得家人的諒解，並以認真負責的態度，面對一個新人生的開創。

每個人都在寫一本個人的歷史，劇本都不一樣，而自己就是這部歷史的主角。人生要活得精彩有意義，就要相信自己的版本是最適合自己，也是最好的。如此，就不需要去和別人比較，也不必怨天尤人，哀嘆命運坎坷。從好的方向來看，由於新生兒的出現和即將誕生，讓你從過去迷迷糊糊的生活中，找到了重心，也使方向感更加明確，必須以積極的態度，為組成新家庭，擔負生計，做出最大的努力和付出。

當這樣的心態確立之後，原先纏繞著你們的難題，將會在你們的精神意志力之下，獲得解決。

包括認真的創造謀生的條件，獲得長輩、親人的諒解和支持。或許在過程中，難免會承受許多壓力並感到辛苦。但是你們也會因為心甘情願的努力和付出，逐漸的適應和舒解這些負擔，尤其是從新生兒的成長和家庭凝聚力的溫暖氣氛中，得到辛勞之後的滿足感。這就是人生成長歷程最可貴的地方，值得你們去珍惜和體驗。

當然，維持最佳的身心健康狀態，是帶給新生兒良好體能的首要條件，也是創造美滿家庭生活的根本所在。希望你們以喜事的心情，沖淡一切的陰霾和障礙，積極勇敢的走出自己的人生大道。

石老師的建議

這個案例的確有點複雜。問題一彼此是在網戀的時候認識。問題二就是認識不久就投懷送抱。問題三還沒有生活的條件就有了孩子。問題四雙方家長都反對。問題五彼此宗教不同。一切的矛盾造成今天的後果，只能說是男女都是不成熟的孩子，為了感情不顧一切。

但是，既然有了孩子 那就要對孩子負責任，父母不同意是當然了。如果你是父母也會不同意。不過，至少你的男友承認他是孩子的爸爸，這是最後的一步，也是重新開始的一步。你們如果相愛又有了孩子，就趕快成親。你們得對孩子負責任，流產會造成身體的虧欠。

父母親知道，當然會很震撼，老人家雖然會一時接受不了，但是看在你肚子裡的孩子份上，會漸漸原諒你們。首先看看你父母比較好說話，還是他父母好說話，先回去跟自己家人說。父母當然希望自己孩子幸福的，你們只要對父母說明白，結婚以後會好好過日子。

事情要面對解決。已經錯了一件事就別再錯。現在開始要從母親的角度去考慮事情，一個人總要結婚的，你們只是沒想到會先有了孩子。你好好聽我的話，幸福還是會來的，你要好好穩定下來，為了孩子還有自己的未來幸福。害怕是無法解決問題的，要勇敢面對。事情並沒有這麼嚴重，結婚生子是每個人都有的，你只是沒想到會來的這麼快。你要儘快把這件事告訴父母，千萬別怕要替你們的小孩想想。靜下心來仔細想想，其實不必糾結，這是一件喜事只是來的太突然而已。

有了孩子，在許多人家裡是喜事，但是在以上的主角裡卻是煩心的事。原因是，措手不急，沒有想到。所以，不知道如何是好，只有坐困愁城。仔細看來，這種沒有預料的事情，難道不是每個人一生的轉折點嗎？

鼎革，畢業於解放軍北京醫學院和南京政治學院，現負責全國數十家醫院的市場策劃工作，曾擔任過時尚雜誌特約撰稿人，策畫並編寫了《思維風暴》、《Easy Study 2006個人知識管理》軟體等，並聯合《中國保健營養》雜誌社，創辦《如是》雜誌，以自在生活為宗旨，宣導職業經理人當「以身心靈而樂活」。

他寫了一本書叫做《大腦也要練瑜珈》。書中說，現代人用腦過度，導致創造力不足，分析事物出現偏差，致使自己心情糟糕，終日渾渾噩噩，稱之為「工作缺氧症」。他舉了一個例子，一九八一年諾貝爾得獎人羅傑斯佩理的「裂腦研究」理論說：右腦管左半側身，是左腦存儲量的一萬倍，大多數人一輩子只用了大腦的百分之三到四，其餘都蘊藏在右腦的潛意識之中。現代社會強烈要求的創新能力，就是把頭腦中那些被認為是毫無關聯的情報資訊連結、聯繫起來的能力。生活中人們傾向用左腦思考，原因是人體通過右手來處理具體工作，而這些都是透過左腦來處理。另一方面傳統「填鴨式」教育死記硬背也加重了左腦的負擔，培養出一群只會循規蹈矩，缺乏應變能力和創造力的左腦型人群。

下面這個真實案例，就是標準的「填鴨式」教育造成的壓力病。

突破工作困境◉27

準備研究所考試，精神難集中，怎麼辦？

我一直很想當一名大學的老師，現在準備考研究所，可是身體從小就虛弱，人特別疲憊，有時候心口很累，有時呼吸很費勁。醫生勸我好好休息，順其自然。我不想放棄，但有時候讀書的確很累的，而且學習精力很難集中，剩下九十幾天而已了，複習情況不是很好。可是身體又特別累，學習效率也很低，老師，我是可以用意志力去學習呢？還是累了該休息就休息？身體重要呢？以前很多時候做什麼事也是遷就身體，可這樣就會覺得自己不夠勇敢。怎樣協調學習與身體呢？老師有什麼建議嗎？

石總經理的建議

考試對大部份的考生來說，是精神上的壓力，隨著時間一步步的逼近，壓力的強度往往會越來越大。於是會影響到考生的身心機能，產生了適應不良的狀況，也就是所謂的考試症候群。你現在所描述的反應現象，就是屬於這種狀況。不過，你自己也不必為此而過度的煩惱，或過度的緊張，因為和你一起應試的考生，多多少少都有和你一樣的情況。如果自己面對同樣的壓力，卻無法做好恰當的調適，無疑的，在競爭的起跑點上，就已經輸了一大截。

在心理的建設上，解除或舒緩壓力的方法，就是要盡力做好充足的準備，要有只問耕耘，不問收穫的決心和毅力。記得有句話說：天下無不勞而倖得之收穫，亦無徒勞而不獲之耕耘。只要埋頭努力付出，就會獲得成果，這是個不變的真理，不必猶豫，也不必心慌意亂，裹足不前。埋頭苦幹，努力向前，是唯一的出路。

至於在行動上，建議你按照考試科目排定每天的進度表，每小時一個單位，課業溫習演練五十分鐘，休息十分鐘。用餐之後的休息，和體能調適上的肢體運動，以及可放鬆心情的音樂欣賞或小睡片刻，也都排進作息的時程表中，而且要求自己確實的去執行。而你自己也會發覺，在點點滴滴的執行過程中，自己的信心將獲得逐漸的充實，原先緊張和不安的情緒也會得到舒緩。這樣的效果，將會使你在這次的考試中，做出最佳的表現，大大的提升金榜題名的機會。

當然，還有一點很重要的，是如何吸收考試技巧，以獲取高分的要領。你可以多向老師，學長姊，以及曾經在考場上表現優異而被錄取的前輩們請教，得到一些溫習準備的好方法，做為自己執行上的參考學習，提升自己成功達陣的機率。

考試就是要在競爭中比出高下，而你也是為了能夠被錄取而參加這場競試。目標、方向和決心都要清楚的放在心上。這不是空想和猶豫的階段，而是以行動力實踐理想的時機，盡全力表現出最好的自己，只要辛勤耕耘，必定可以歡笑收割。

石老師的建議

你的問題是在自己的壓迫太大。其實立志當老師是可以的，但是哪一天考上研究所並不重要。人生這麼長，早一年當老師，晚一年考上碩士，都不重要。關鍵在於當你是個老師的時候，學生期待的是一個健康有活力的老師；而不是拼死拼活之後、虛弱無力的老師。成為老師的條件永遠只有三個：健康、知識、耐心。

所以，你要能放開自己。用努力就好，是否可得，看老天爺。也就是謀事在人、成事在天的態度。來看這次考試。就算沒考上又如何呢？日子還是可以過下去。只要理想目標還在，這一生都可能達成。時間給的早晚，那不一定是你的能力可以控制的，人生往往是柳暗花明又一村。

《大腦也要練瑜珈》書裡說，人生就是博奕，我們日常生活與工作，可以當作永不停息的博奕集合。博奕就是一種選擇，博奕論是二十世紀中期由馮諾曼和摩根斯坦所創立的，意思是說「研究決策主體的行為在直接相互作用時，人們如何進行決策，以及這種決策如何達到均衡的問題」。博奕就是通過選擇而獲勝的道理。

由於我們在各種掙扎中匍匐前行，又遭遇了來自各種不同方向的挫折與壓力，所以我們只好拜倒在壓力徵候群之下。所謂壓力徵候群，包括有各種不同的精神官能症，依照台中榮民總醫院精神科林志堅醫師的說明，「精神官能症」並不是單一的疾病診斷，而是涵蓋以焦慮、緊張、情緒煩躁、鬱悶、頭痛、失眠、心悸等臨床症狀表現的許多不同種類的精神疾病之統稱。依據臨床症狀特徵的不同，可以分為下列幾大類：

（一）焦慮性疾患：「焦慮」是精神官能症的核心症狀，但是大多數人都不明瞭精神醫學上所稱的焦慮是指什麼？或者雖然已經罹患焦慮症狀卻仍然不自知。以「廣泛性焦慮症」為例，患者的臨床症狀包括：不能靜止、感覺浮躁、不耐煩、容易疲累、無法專心或心中一片空白、易怒、肌肉緊繃、睡眠障礙等症狀；因為焦慮緊張可能影響到人際關係、工作表現、家庭生活等，進而導致情緒低落、憂鬱、死亡意念等；此外，伴隨著焦慮症狀，經常產生許多身體不舒服的症狀，包括：心悸或心跳加快、出汗、發抖、胸痛或胸悶、呼吸困難或窒息感、噁心、腸胃不適、頭暈、昏沈、失現實感等不舒服。

「焦慮症」包括以下幾類疾病：(1)恐慌症(2)特定對象畏懼症(3)社會畏懼症(4)廣泛性焦慮症(5)強迫性精神官能症。所以同樣是精神官能性「焦慮症」其臨床徵狀卻各有各的特色，甚至完全不同。整體而言，精神官能性「焦慮症」的臨床症狀表現呈現出豐富且多樣化的面貌。

（二）精神官能性憂鬱症：精神官能性「憂鬱症」以情緒低落、鬱悶、失眠或嗜睡、胃口不好或吃太多、活力低或疲累、失喜樂感、低自尊、自責、無法專心、對將來感覺沒有希望等為主要症狀。症狀經常是慢性化，常持續兩年以上，並造成工作表現、人際關係、家庭生活的障礙。患者除了情緒低落的核心症狀之外，也經常合併有身體不舒服的症狀，包括：胸悶、呼吸困難或窒息感、無力、噁心、腸胃不適、頭暈、昏沈、體重減輕或增加等。

「憂鬱症」患者通常可以感受到自己的不舒服，包括以上的諸多症狀，但是根據統計，懂得尋求精神醫療幫助的個案只佔少數，多數個案是默默忍受不舒服，親戚朋友也多認定患者只是個性上「愛鑽牛角尖」、「想不開」。

（三）身體型疾患（心身症）：「心身症」這個名詞多數人或多或少曾經聽聞過，其臨床表現是以莫名的身體疼痛、腸胃不舒服、心悸或胸悶、假性神經症狀、倦怠無力、痲痺、吞嚥困難等為主要症狀。個案雖然身體很不舒服，但是檢查結果卻是正常，經常令人覺得十分委屈，有苦說不出，這些患者經常是一家醫院換過一家醫院，到處求診，卻仍然無法解除身心的病痛。

（四）解離性疾患（歇斯底里）：「解離性疾患」的臨床表現以突然的意識、認知等障礙為主要症狀，經常有記憶力損傷等症狀，俗稱「歇斯底里」。在臨床上，多數的「解離性疾患」個案的病史，常伴隨有急性或慢性的巨大心理創傷或壓力事件。一般認為其臨床症狀呈現，是代表另一種「非語言溝通方式」或是「心理的逃避」。

（五）壓力相關性疾患：導因於生活或環境壓力所引發的精神異常統稱為「壓力相關性疾患」。

個體在面臨壓力事件時的精神反應，依據其臨床精神症狀的嚴重程度，由正常到嚴重病態，依序可以區分為：(1)正常壓力反應(2)適應性疾患(3)創傷後壓力症(4)反應性精神病等。

依據林志堅醫師的說明，他認為精神官能症的治療及處理，必須依照下面的步驟來思想與執行：

(1)精神藥物治療：針對「生理」因素進行治療，依據臨床症狀及診斷的不同，適度的使用抗焦慮劑、抗憂鬱劑或其他精神治療藥物，可以有效且快速地緩解症狀。大致而言，藥物的治療雖然快速有效，但是需經由醫師的仔細診療才能對症下藥及避免藥物不當使用所造成的副作用，某些精神疾病更需要輔以心理及行為治療才能見效。

(2)心理治療、行為治療、家族治療等：針對「心理」因素進行處理，需根據病患不同的需要來選擇，經由適當的心理治療或諮商的協助，可以改善性格上的缺陷或盲點，增進人際關係，緩解生活壓力。當患者的精神症狀是導因於家庭或婚姻的不良關係時，婚姻或家族治療可能是有必要的。行為治療或其他治療模式，則通常應用在緩解症狀，改善患者的偏差行為等層面。

「精神官能症」的病因是多方面的，不能單以患者人格不成熟、調適能力欠佳、或是心理不夠堅強等心理因素來解釋，包括：個人的成長背景、性格特徵、生理疾病及社會環境的壓力等因素，都可能會影響到疾病的表現。欲求完整的了解「精神官能症」的全貌，需要同時針對生理、心理、社會等各個不同層面的因素，做整體性的通盤考量。面對社會和身心的突變，人類也要用正確的方法和手段來提早預防或治療。

step 10

紅燈亮起：身體與心靈的早期病變

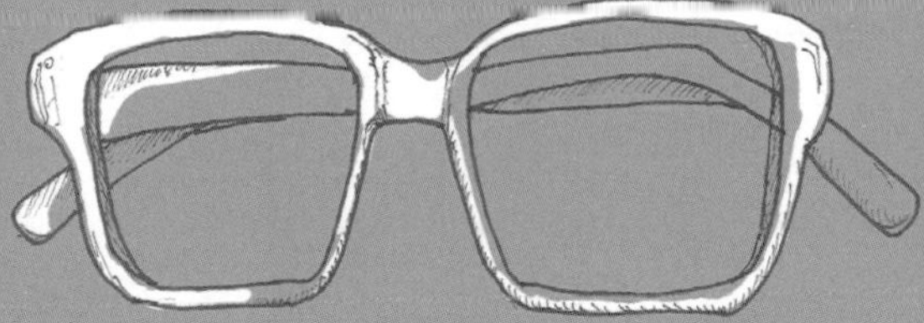

羅馬不是一日造成的，精神官能症也不是突發的疾病。上帝會一步又一步的告訴你，要注意了。如果你還是鐵齒，還是依然故我。那麼，原來的綠燈，慢慢成了黃燈，最後呢？紅燈亮起，一個人的壽命就因為自己的無知和貪慾，走上了不歸路。

市面上有很多種非常簡單的測壓工具，以下就是簡單的壓力體檢表：(1)你是否常常焦慮不安？(2)你是否擔心可能有惡運到來？(3)身體或手腳是否容易發抖？(4)十分緊張而無法安靜下來嗎？(5)你會不會毫無理由的害怕陌生人？(6)你會不會害怕待在擁擠的人群或混亂的交通中？(7)夜裡您是否容易入睡？(8)晚上您常做惡夢嗎？(9)你是否無法集中精神做事？(10)你是否有記憶減退的現象？(11)你是否覺得人生乏味？(12)你對任何事都感到無所謂嗎？(13)你的脖子或肩膀感到僵硬嗎？(14)你偶而會覺得這裡疼？那裡疼？(15)你有耳鳴、視力模糊、時冷時熱或感覺無力的症狀嗎？(16)你有心悸、胸痛、脈搏跳動強烈或心跳停止的感覺嗎？(17)你有時會覺得快要昏倒了嗎？(18)你有沒有胸口很緊、受壓迫或呼吸困難的感受？(19)你的胃腸不好（有無腹痛、噁心、嘔吐、腹瀉或便秘等症狀）？(20)你是否有尿失禁或常常有尿急的現象？(21)如果是男性，你是否有早期射精、勃起不全或陽萎的現象？(22)如果是女性，你的月經很順利嗎？(23)你會不會常常覺得口渴、臉潮紅或蒼白、多汗、頭暈、頭痛或汗毛豎立？

以上這些，稱為漢米頓氏焦慮量表，分數的打法是，完全沒有是0分；偶而有是1分；經常有是2分；常常有是3分。如果總分已經達到四十分以上，建議你趕快找一個醫生做一番診療。

壓力有一定的指標，大致上每個人的正常指標都在一百分到一百五十分左右。如果超過三百分到三百五十分，那就是紅燈亮起。通常，在綠燈階段，上帝會告訴你，皮膚容易敏感，長痘子，指甲蓋不平整，頭髮又亂又乾，長掉頭皮屑，諸如此類的毛病，都可以說是一種警告。多半是長期熬夜，工作過勞，心緒不寧來的。

經過這個時期，如果壓力還繼續下去，就會漸漸失眠，影響所及，多半是腸胃的毛病，例如，喜歡甜食、垃圾食物、喝咖啡、抽菸、大便不通暢、胃口不好或者太好、胃痛、經常拉肚子，月經不順、沒有情慾，當然還有的人免疫力下降、經常感冒不容易痊癒、脾氣暴躁、容易焦慮、疑心病重、完美主義、很嘮叨、莫名其妙的緊張，還有的人怕黑，喜歡獨自一人宅在家裡、特別怕髒（手）、害怕自己健忘，怕噪音。

到了這個階段，身邊的人會感覺出來你很不對勁，往往會說你怎麼這麼奇怪，不正常。可是，身在其中的你，會認為自己一點也沒有問題，只是太忙，沒睡好，沒時間睡覺，精神不振，只要多喝點咖啡就可以。也有的人感覺自己不太對勁，就會學一點網上教學的方法，睡前放鬆、喝牛奶、做瑜珈、看看大自然、聽點輕音樂、多與朋友聊天。

然而，這些過程都試過之後，問題還存在，失眠更嚴重、焦慮不安常見，就到了紅燈亮起，真正的精神官能症出現。可惜的是，到了這個階段，上帝也遠離了你。你的毛病開始潛伏在更深的五臟六腑裡面，叫做心血管病變。這時候，有三高，糖尿病，可能中風，並且，多半會容易得各種癌症。

科學證明，有重大壓力或意外事件發生後三年，得到癌症的機率比正常人多出十倍。這個數字，可以印證。甚至，「壓力癌症」現在是一個專有名詞，指的是醫學研究發現，精神上的壓力會干擾免疫系統的正常機能，降低防禦外來病毒及自身體內細胞癌變的敏感度，由於壓力而導致癌症的罹患率大大提高。醫學證明：癌症的發病，是多種不良因素共同長期作用的結果。其中不少不良因素，來自生活環境，久而久之，對人體帶來影響和傷害。例如，噪音、煙霧、粉塵，抽煙、熬夜、偏食、緊張的人際關係等等。下面這個真實案例，就是來自聲音的壓力。

突破工作困境◉28

恐懼外在的聲音，學習效率低，怎麼辦？

我有害怕聲音的症狀，想向你請教一下。高二後，我進入了好班，但我的成績普通。之前，在普通班總是拿前幾名；但是進入好班之後，就在班級後幾名。當時班導師要求很嚴格，我進入好班以後，自己本身的壓力也很大，常常忘記了自己是如何生活的，只知道每天念書，但效率很低，壓力越來越大。

突然有一天，中午睡覺突然聽到了手錶滴的一聲，以前從沒有注意到自己的電子錶還會每到一個鐘點會滴的響一聲，於是就把壓力轉移到這上來，害怕手錶定點滴的一聲，進而泛化到定點響的校園鈴聲，當這些聲音快要響起的時候，心就揪了起來，等待著它們響，響過後心就放了下來，於是對聲音敏感。

聯考後放鬆的時候就不再那麼敏感。但進入大學後，學的是醫學，課程更重些。課業重的時候，自己要求高的時候，就對聲音變得敏感。遇到一些考試，壓力一大對聲音更敏感，有聲音就學不下去，想要逃避。

小時候爸媽經常吵架，父親脾氣暴躁，好發脾氣，我很內向，很多事都悶在心裡。後來我的父親改好了很多，偶爾和母親因為家庭瑣事指責母親，我卻又不知該如何說服他們不要再為這些瑣事吵架。

我現在是馬上要畢業的學生，這些年害怕聲音的形式在不斷變化，以前害怕的鈴聲現在不再害怕，轉向了別的聲音，但終結是自己思想的問題。之間也問過學校的心理老師，但一到壓力大時，就和身邊的聲音聯繫在一起。

現在是對以下暴力的聲音恐懼，例如(1)看到門，就想到關門暴力動作。(2)電動車關座位蓋子的聲音。(3)關窗戶的場景。(4)關抽屜的場景。(5)插插座的聲音。(6)公共廁所沖水的聲音。(7)總之感覺這些與暴力有關（猛地一下與暴力有關的場景）。

假如是輕柔的動作，再大的聲音也不會害怕。機器的聲音很少害怕，就是害怕看到人的動作後發出的大的聲音。有時沒那麼大但在頭腦中卻想的很暴力。一處到那個環境就呆若木雞，腦子就老想著之前的關門聲，心一直緊張著，等待聲響的到來。

石總經理的建議

其實，緊張不安而失常，是個普遍存在的問題，幾乎每個人都會發生這種現象，端看壓力或驚嚇的程度而定。但即使是發生了，也會因震撼創傷的程度，隨著時間，加上自己的調適，逐漸的回復到正常的情況。

從你的敘述，知道你長期以來就有緊張焦慮的問題，伴隨著你的成長，一直沒有改善，對你來說，原先暫時性的失常，卻形成了經常性發生的正常現象。久而久之，將會讓你面對一些特別敏感的情境時，就容易變成了無法承受壓力，慌亂不安，導致產生缺乏自信的狀況，這樣的現象對於你的發展前程來說，將會是一個不利的障礙。這種心理上不安的狀況，必須仔細的分析形成的原因，從觀念上徹底的改變，然後，以全新的態度，積極的開創未來的發展。

我們正確的生活態度，並不是在重覆過去的經驗，而是累積了過去的經驗，使自己更具智慧，更成熟的去創新和改變未來。如此，才可能使自己在成長中，開啟榮耀的遠景，成就耀眼的未來。

每個人的成長過程，就是點點滴滴的累積過往的經驗，歷程中，酸甜苦辣，喜怒哀樂，可說是五味雜陳，都有親身的體驗。而積極的面對人生的態度，就是要遺忘痛苦的經驗，回味和保留愉快的記憶，如此才可能形塑正面的態度和人生觀，以樂觀的態度與熱情，開創未來的生活。

因此，建議你以下列的方式，為自己健康的人格發展，做出重建，啟發內在的潛能，找回自信心：

(1)尋求心理醫師的診斷和輔導，從身心靈上找出紓解之道，了解心理原因，找到對應的方法。

(2)對於帶來焦慮和不安的情境，建議你試著去面對它，而不是逃避。以經驗的累積慢慢的找出調適和紓解的方法。否則的話，這些陰影龍罩著你，成為你在生活中的障礙，對你的發展造成了不利的影響。

(3)整理一下過去生活中愉快的經驗，這些才是值得你記憶和回味的歡樂泉源。回想一下你現在上課時隨身攜帶的書包，都是需用和可用的東西，絕對不會是往日丟棄的垃圾。所以，你的心田和腦袋瓜也是一樣，要裝有益有用的回憶，把自己的心境做一個大幅的迴轉。

(4)在自己緊張不安的情境時，觀察別人在同樣的環境中處之泰然的態度，做為學習調適的參考，減低自己的過度不穩定的情緒，漸進式的尋求改善。

(5)以歡喜心看待自己的每一分進步和成長。由於以往受到心理不安的因素，你的實力和自信心已經受到了限制和打折，現在隨著自己的努力慢慢的解開，你的自信必然得到重建，真正的潛能將會得到啟發而發揮出來。

你有很大的空間可以獲得成長和改善，成長和改善就是人生的喜悅，希望你珍惜和努力創造這份喜悅，勇敢的邁向精采的人生。

石老師的建議

看完你的信，我大致的看法是，你得的是壓力病，可能性最大的是焦慮症。壓力病的根源在哪裡，就要往那裡去解決。你的問題在家裡，有從小失和的壓力，學業的壓力，以及考試的壓力，在社會無形的壓力下像你這樣的學生非常多。

最關鍵的是不能再有壓力，要降低壓力指數。否則會崩潰。目前最能幫助你的方法就是練習瑜伽、深呼吸、運動和游泳，與朋友開懷聊天，聽自然放鬆的音樂，嘗試關注某些嗜好或者寵物。你既然學醫，學校裡應該有精神官能症的醫師可以諮詢。那樣更快一些。平時不要再吃任何刺激的食物，特別是酸辣油炸，可以多吃水果，龍眼乾特別好，核桃也不錯。

改善環境其實是非常重要的。可惜人類對於這一部分還很無知。先進國家的職場工作者，上班時間短，工作效率高；落後國家的工作者，上班時間長，工作成果少。先進國家用大量時間提倡享受生活，自我管理；落後國家用大量時間積累財富，燃燒自我。先進國家到了休息時間就絕對不往工作上想；落後國家下班時候上班，上班時候下班。先進國家的工作者，休閒也不過是拿一本書，悠閒的坐在游泳池邊喝一杯果汁；落後國家的工作者，放假好像打仗，急忙搭紅眼班機早出晚歸去旅遊、照相、瘋狂購物、貼社交網站。先進國家職場工作者中午吃得極為簡單，可能只有一顆巧克力或者一塊三明治；落後國家中午還要排隊去找自助餐或者到公司的餐廳去熱便當。先進國家職場工作者下班去酒吧或餐廳吃個輕食或喝個馬汀尼；落後國家下班就到豪華餐廳去吃飯喝酒，還要唱KTV到半夜。

諸如此類的不同，無法改變生活與工作的環境，就無法改變習慣。而，習慣造成自然；自然造成命運。人類往往在感嘆中認為自己的命運多舛，感嘆時不我予，懷才不遇，無法自拔。然而，許多人從未因此而改變自己分毫。除了感嘆，從不改善。讓事情發展一步步的惡化，最後落入死亡的深淵。

以下是另一個情緒困擾的真實案例。

突破工作困境 ◉ 29

情緒低落，對什麼都不敢興趣，怎麼辦？

我覺得自己最近一段時間心情起伏挺大，對未來沒有信心，什麼都不願意做，也不想面對每一個人，有時候就情緒很低落，好像是一切都不感興趣，什麼都好像無所謂的樣子，遇到困難也不想要去解開，不願意去幹，有時甚至想逃避。而且時常在不小心的時候暴飲暴食，雖然我清醒知道會胖的，胖了我會後悔的。其實我覺得自己很多理論上的東西我都明白的，但就是做不到。我就是控制不了自己。

石總經理的建議

每個人都會有七情六慾，喜怒哀樂，度過酸甜苦辣的生活，現階段的你，正處於很典型的低潮期。每個人也都會處在你現在的情境，就看是什麼因素之下，讓人陷入如此般的低潮？這低潮籠罩我們多深？停留多久？最後如何走出來？曾經有過多少次這樣的循環的經驗？對這些前因後果有什麼記憶和體會？懂得這些切身經歷，分析自己心緒上的起伏變化因素，就可以幫助自己，建立一個為情緒高低潮掌控調整的概念。

建議你開始寫下你的心情日記，就以氣候的變化來比擬你的心境一般，晴天、陰天、雨天與氣候溫溼度的變化。每一天所遇到的人事時地物，和當時的體能狀況，都會帶給你心情起伏的影響。現在的你情緒很不穩定，以至於你的熱情消失不見了。情緒不好一定有其原因，讓你對什麼事情都暫時失去了興趣。但是，這不是你希望的常態，你的內心深處，還是期望把熱情找回來，就憑這個動機，就是讓自己走出低潮，重現陽光活力的原動力。

走出低潮的方法很多，先回憶一下，上次是如何回復正常狀態的？再想想看，為什麼別人同樣有低潮時可以走出來？給自己一點精神上的鼓勵。然後，開始列出有什麼原因使自己陷入低潮？值不值得如此頹喪？接著就在眾多的對應方式中選擇讓自己舒解的方法：休個假泡個熱水澡，旅遊去看看外面的世界，找知心朋友小聚聊聊天，休閒一下聽聽音樂、看電影，接觸具有陽光熱力的人群和活動，以及藉由宗教的信仰和祈願。有時候，你只要仔細的分析寫下低潮原因和舒解對策的選擇，馬上就有緩解一半的效果。主要的原因是你透過用心的、自我的心靈對話，將雜亂的心情整理出了一個頭緒。並且，給自己一個走出陰霾的正面期待，這就是我們面對生活，所應該持有的正確態度。

大多數處在低潮的人，同時伴隨著迷惘的心境，無法了解身處何處？去向何方？因此就如同你的現況一樣，無法控制自己，陷入痛苦的深淵，而難以自拔。解除這種困境的方法，就得靠自己為自己寫下來的心情日記，把思緒、情境和過程的前因後果記錄起來。當經驗越多，對應方法越成熟，再回頭回顧這些過往經歷，你甚至會感覺到，有些低潮根本是來得太愚昧無知，太不值得。但這畢竟是我們成長中的必經過程，體驗悲傷失意，並走出悲傷失意，就更能珍惜和體會人生的快樂。

石老師的建議

你這個問題其實很普遍，一點都不要擔心自己是否不正常或者是生病了？每個人都會有情緒理不清的時候，否則豈不就不像是個「人」了嗎？並不是目前不常規的想法或做法就是不好的。舊時代認為情緒要壓抑控制；新時代的想法是讓情緒盡情發展，這樣才能從情緒事件裡面找出真正的問題，也才能歸結出自己的核心價值在那裡。所以，雖然你是有情緒起伏，只要對人和對自己都沒有傷害，基本上只是暫時性的自然生理現象，這不要緊的。

但是，你希望成為情緒的主人，能夠適當控制和管理情緒，這一點是對的。如果每個人都任意的為所欲為，也會天下大亂的。你認為其他人都控制的比自己好，你很羨慕，那些人可能是早熟的個性，有的孩子年紀很小就能夠持家，根本沒有人特別教導就會自發性學習，知道做人做事的道理；也有的人到了七、八十歲還像個老小孩：任性不講理。這些有時候跟環境和天性有直接的關係。

自然規律對於每個人也有或多或少的影響，比方說我現在坐在一個溫度超過二十八度的房間，四周沒有窗、密不透風，當然會影響學習情緒。女性的生理期不要吃生冷、平常不要吃辛辣食物、多吃水果、不要喝咖啡、茶等等，也能緩解生理的躁動，幫你度過一段不舒服的日子。

知心的朋友，可以訴說心理的問題，這是可以大大緩和情緒與壓力。現代人依賴過多電腦，其實對自己的情緒抒解並沒有好處，電腦世界是虛擬的、單向的，時常會引人進入一種趨於幻想式的、壓迫式的、或者是擅動性的想法，並不很好。如果能選擇多與人群交往，學習對方的優點，對於年輕人思想的成熟度會有相當大的幫助。

此外，選擇音樂陪伴也是非常正確的途徑之一，特別是輕鬆的、怡情的聲音，像是大自然的水聲、鳥叫，都是特別能幫助人回歸清醒的心。避免一個人單獨在房間裡面發呆，那可能就會愈發的想不開，特別是空氣不好、不流通的地方，最好能常常看看遠方和天空，這就可以減輕情緒的生理問題。

還有，不要穿太緊的衣服和鞋子，背太重的書包，不要看不起這些小事，這些也都有或多或少的與情緒直接有直接影響。保持正常的睡眠規律，最好在每天十一點以前睡覺，熬夜當然更會造成相當程度情緒的不穩定。

暴飲暴食，在飲食上開始沒有節制，往往也就是自我管理失控的標準現象。女孩子們喜歡抱著一堆零食看電視，玩手機。男人們成天泡在酒池肉林裡，這都是危險的訊號。沒有人真正會提醒你，這些再不久的將來會給你多大的損失。還不只是增肥減瘦這樣容易的理論與實踐。背後隱藏的是壓力源的問題：壓力的來源。

壓力的來源通常有幾種：

第一，自我給予的壓力源：自我要求過高，慾念太重，完美主義，得不到就失望。

第二，社會的壓力源：社會環境，政治惡搞，媒體搧風點火，噪音，生活環境。

第三，物質的壓力源：缺錢，物質條件缺乏，家具太多空間不夠，過於豪華，貸款壓力大。

第四，組織的壓力源：長官屬下關係不好，公司與工作結構調整，企業管理不善。

第五，飲食的壓力源：吃的太甜、太油、太好，經常喝酒抽菸，咖啡茶沒有節制。

當然，還有一種很可怕的壓力，就是來自感情的、婚姻的和家庭的問題，這也算是社會壓力源，容易長期困擾一個人的情緒，造成人類寢食難安，以下就是另一個真實案例。

突破工作困境◉30

想要結婚，又不好開口，怎麼辦？

這幾天在e-mail跟我大學部今年剛畢業的女學生聊起最近的近況，他說老師平時一直表現出看起來很陽光、很有自信，所以大家不曉得老師也有需要人家關心的地方。

我突然警覺到，我不應該讓別人有這樣的錯覺。於是我開始找人聊聊天。尋求外力的精神支援，讓自己不要羨入情緒的低潮，我正在思考是不是應該去找一個工作以外的社團，多與別人互動，增加一些安全感。雖然我並不很愛現，也不是很愛唱歌，但我的朋友說人都要在工作之餘找一份有移情作用的藝文興趣，增加不同面向的友誼圈與話題。

其實還有一個我內心深處的擔憂就是我沒結婚，很擔心將來老的時候怎麼辦？工作忙的時候生龍活虎，這陣子工作少我便有多的精神想東想西，有時不免懷疑自己是不是「無病呻吟」，但心裡總是沒有安全感，也許我已經面臨更年期所以最近一直提不起勁，情緒波動較大。

最近我經常想找個人來作伴但又不好跟人家開口，這幾天我想一想學生說的，我不開口誰知道我有這個需求？今天就卸下心防跟你聊一點心事，畢竟我們都是平凡人，都會遇到人生的低潮，聽聽你的勸導與鼓勵都好，當老師也有很脆弱需要人家支援的時候。

石總經理的建議

每個人都有選擇自己喜歡的生活方式，自在、愉快就好。年輕時代你也是過了一段自己感覺很舒服的生活。而且工作成為你生活的重心，有豐富的內容填滿了你的快樂時光。其實，到目前為止，你應該沒有虛度你過往的歲月，那已經是一段美好的回憶。

人無近慮，必有遠憂。這好像就是一個通性的問題，你的問題，其實也是大家都會擔心的問題。不論是否有家庭或者單身，年長了之後，就會有類似的憂慮和思考。而且，也希望在適當的規劃之下，得到一個理想的、健康愉快的晚年生活。

我們大家在生活中的身體運行，都有體能和心靈上兩個組合的層面。體能的高峰期在年輕力壯的年代之後，就開始慢慢的下滑，能維持昨日的體能狀態，已經是值得慶幸的事了。到了晚年的機能退化，是無法抗拒的自然現象，我們只能以適當的體能活力，來保持健康體態，延緩機能衰退的老化情況。而心靈方面，反而是因為經歷了過半人生的閱歷，更為成熟明智，懂得調適心情，隨遇而安，在知足中體驗快樂。然而，體能和心靈的健康發展，是有絕對的相互影響的關係，體能好，心情就好，身體就進入健康循環；而心靈的健全狀態，也會對身體的機能和免疫力產生影響，一旦有焦慮不安的心情存在，就會讓健康體能失調，生活上將因此失去良好的品質。所以，維持體能和心靈的良好狀態，是你目前必須規劃安排的第一要務，這些都跟你上述提到的參與各類藝文活動有關，甚至於還要加一些適當的運動，休閒旅遊等活動，與人群互動同歡。

所謂「獨樂樂不如眾樂樂」，就是讓你在未來得到愉快自在的生活態度。試想如果只是一個人多半時間獨處，不說話又覺得太自閉了，對著自己自言自語說話，久而久之也會變得有點怪異。就算自己培養了好心情，想開口笑笑，在沒有同伴共享，而自己一個人的處境下，既無法達到開懷大笑的舒暢感，而如果只是常常獨自小聲竊笑，也會被認為是精神上有點問題。所以說，多參加有興趣的活動，走入人群、與人互動是你展開快樂生活的新起點。你可以藉由這些活動聚會的機會，得到新的學習，結交共同喜好的朋友，分享生活上的情趣歡樂，不但可以充實生活的內涵，也創造了兼顧體能和心靈的健康生活，讓自己未來的人生，得到身心靈的安逸，並充滿了樂趣。

至於婚姻機會是否有可能產生，則是你走入人群、參與活動的第二步發展。你可以開始在周邊接觸的人群中，以及參與這些活動的經常互動的機會中，發覺志趣相同，談得來、好相處、彼此有好感、也可以接受相互條件的對象，由平淡而深入的交誼，自然的發展成共組婚姻家庭的結果。這些都是可以存在的機會，一是靠緣份，二是要你自己抱持著發展機會的意願，而最重要的前提，則是你必須以實際行動，開始付諸於新活動，如此，你的期待就有機會得到落實。

不必太擔心你的低潮，因為每個人在有些時候，或多或少都會有這樣的現象。因為陷入低潮，才會更積極的尋找解決之道，想通了，方向明確了，就慢慢紓解了。但是行動可要立即開始，這也是擺脫低潮，迎向陽光面的積極作為。

石老師的建議

你的問題是習慣把自己的工作時間排的很滿，這是需要改善的，就算能講課到七十歲，也得調整時鐘漸慢的感覺。結婚跟寂寞無關，你現在主要的問題是逐漸到更年期，更年期前十年和後十年都會有這種退盡光環的失落以及逐漸邁入黃昏的憂慮，可以說是自然的心理現象。

我建議你可以上網察看一些更年期相關的心理書籍，就會得到答案，還要逐漸補充些植物性荷爾蒙，以免焦慮與躁進，除此之外就是要安排生活，建立工作以外的人際網。至於找對象，那是姻緣簿上面的事情，不是你想要就會有的，也許有了對象，生活更不如意，倒不如自己一個人的自由自在。

解決壓力源是唯一可以改善壓力的方法，並且解決的方法和時間絕非一種，也不是一朝一夕。以下幾種途徑是最常用於幫助人緩解壓力的：

第一，迅速面對問題，並且自己解決。無論任何棘手的問題，唯一的答案都在自己身上。如果逃避或迴避，到頭來問題還是會再度回來找你，所以與其躲過一時，不如來個「長痛不如短痛」，慧劍一斬，一旦面對面，即使再醜惡的問題，看見也就不可怕了。

第二，離開現場。有些時候，我們想不開的問題並不是一下子就可以順利面對的。即使知道答案，可是傷口太大，一時無法癒合，那第二個方法就是離開現場。人類有一種慣性，一旦到了熟悉的環境，如辦公室、家裡，就會自然聯想到老問題的存在。只有離開環境一陣子，就會將心理的問題緩和許多。如果進一步的到郊外或國外去，找個視野開闊的地方待上幾天，那就更能收到驟效。

第三，找人傾訴。現代人的悲哀之一是沒有觀眾也沒有聽眾。所以發生問題的時候，也沒有諮詢及傾訴的對象。其實，如果能夠有幾個知心的朋友，可以罵你一頓，給你一些迷津指點，或至少做個好聽眾，讓你發洩一下，那麼氣消了，問題也往往解決了一半。另外，小孩子也是很好的對象，因為天真的、純潔的言語和思想往往也會帶來問題的答案。

第四，宗教力量。無論是佛教、基督教、天主教或回教，信仰本身都會提供一種堅定的力量，並且給予神靈的啟示，這是無庸置疑的。有堅定宗教信仰的人，較容易接受挫折，也比較容易治療自己受創的心靈。

第五，培養嗜好。音樂、運動，在長期規律的培養之下，很容易達到移情作用。另外，學習新玩意也是一種好方法，會給人一種成就感。浸潤在嗜好裡，就會忘卻工作的煩惱。

解除心理壓力，則可以用幾種常見的方式來試試：

第一，確定面對這件事，是決定要「打」（FIGHT），還是「跑」（FLIGHT）。如果要打，就打到底；要跑，就跑遠一點、久一點，這種壓力便會消失。

第二，拿出一張紙，寫出壓力尺的左邊和右邊。左邊是這件事所發生最壞的情況，右邊是最好的狀況。然後，把中間分成若干格子，看看在最好及最壞之間，還可能發生多少狀況，這種量度尺，可以充份面對事實。

第三，與朋友或長輩大發牢騷。找一個人，做傾訴的對象。最好是完全不認識你的人，即使是小孩子都可以。因為，壓力經過渲洩會自然找出答案，而不識的第三者最容易看出你的問題在那裡。

第四，避過超人的舉動。認定自己的能力，不要去做「超越顛峰」的壯舉。凡是給予自己成功機會的人，都是循序漸進，而非一蹴可幾的。因為，成就是累進的，能力也一樣，必須循序而來，無法一次就有「超能力」。

第五，就事論事，少談情緒。壓力的造成，十之八九都是因為情緒，而不是「情勢所逼」。由於面子問題而不好意思去解決，也是一種情緒。若是為情感因素，那更不是人們所該面對的了。

第六、挫折和失敗。建立自己的紀錄表，用最明顯的方式讓自己記憶成功。記得人生要超過的是自己的記錄，不時側看別人的紀錄並非一定要給自己追上的念頭，而是提醒自己還有成長的空間而已。

第七，厭倦無法超越。一次又一次的打擊或成功，也會使人們失去創造力而逐漸厭倦。這時的你，何不換一個工作環境，或換一項新產品試試自己的功力。即使把左邊的抽屜內物品全部倒進右邊，也會使自己有煥然一新的改變。

第八，驕傲自大。成功的人一般會高高在上，使別人遠遠落在後面。如果自己跑得太快，也意謂著身邊的夥伴愈來愈少，沒有對手的意義，也就是面對更寂寞的未來。

解除生理壓力，可以用控制飲食、經常運動及學習鬆弛三種方法同時進行。只要持之以恆，必定會有效果。

一、控制飲食：儘量不要太肥，過重是一種壓力。可以的話，每週吃素一天，平常以低脂高纖來自然減肥；必要時，則訂定一個減肥計劃，如禁止吃甜食、藥物、少喝酒、少吸菸等等。有些表面上看來是解除壓力的方法，實際上卻可能帶給忙碌的人更大的後遺症，選擇時不可不慎。人生最大的享受，莫過於好好吃飯、好好睡覺，如果這些都做不到，生命還會有什麼意思？

二、經常運動：根據專家的建議，每人每天運動量至少是走一萬步，可是很少有人做得到。不過，長達二十五分鐘的持續性運動，確實是每個人都應該設法做到的，而運動方式則應以不需藉助場地或工具為第一優先，例如：體操、慢跑、爬樓梯、彈跳、有氧健美操、仰臥起坐等，都可以，也不難，只是必須持之以恆。

三、學習鬆弛。坊間目前各種靜坐、禪功、氣功非常多，也都很有效。如果自己沒有法子去學，找本書練習自己做也行。簡易的深呼吸法就是，先坐在椅子上，四肢及全身肌肉必須放鬆，然後靜閉雙眼，深深吸氣到滿脹胸肺為止，停止十秒鐘，再由口中慢慢呼出廢氣，直到用盡所有氣為止。如此重覆三、四次。起初可能會頭暈不習慣，但久而久之就能將心情完全放鬆。之後，可以喝點飲料或聽片刻輕音樂。這種法子，在辦公室或任何場所都能立刻收到鬆弛的效果。

日常工作中，借助管理來紓解壓力，大概可分為下列幾項：

一、授權。大部分工作能用分散處理的原則來執行，就比較不會有壓力。個人工作拖延累積時，也可以就用「分段執行」、「零存整付」的方式來完成。

二、時限。沒有時間限制，就沒有壓力。但是「時限」就等於「實現」。怎樣預計較為寬鬆而有彈性的時間表，可能是要學習安排行程時的重要指標。

三、計畫。每個人都在談計畫，但真正每件事都有計畫，能「成竹在胸」的人，畢竟只有少數，也就是有習慣做謀略，有遠見的思想，可以幫忙自己減少危機的壓力。

四、順序。執行事務，除了要能找到更好的方法和工具，了解優先順序，何者為重要，何者只是緊急，是需要鍛鍊和學習的。若不能在平常練習，有意外事件，或同一時間有幾件事發生時，就一定會手足失措、顛三倒四。

五、決定。懂得怎樣找答案不是一件簡單的事，但每件事也未必一定會有答案。出了問題到那裡找答案，有何選擇，可能是決策課程裡的重點學習。

六、離開。壓力來臨，不是「打」就是「走」，沒有第三條路。面對壓力若真的為難，就只有離開，離開之後，不要回來。

七、鼓勵。談到「成功」並不容易，而且成功也沒有一定的指標依據。所以，只要完成一部分就應該給自己一些鼓勵。不必等待他人的掌聲，那也許永遠等不到。

在辦公室裡，每天工作時間特別單調的人，可以借助下面的方法學習紓解壓力：

一、看照片。一些親密家人的、宗教語句的、或座右銘式的東西，可以暫緩情緒。建議員工可以放幾張最喜歡的照片在身邊，隨時欣賞，很有助益。

二、喝咖啡。香醇的咖啡可以促使人的神經有調和的作用。同時，四週的人由於一杯咖啡而關係好些，這和「來根煙吧！」有異曲同工之效。

三、巧克力，每顆巧克力都有提神的興奮作用，會使人快樂，所以，經常擺幾顆放在桌上，煩燥時吃上一粒，也是法寶之一。

四、聽音樂。許多人上班可以聽收音機，一方面增加知識，能掌握最新動態，一方面藉音樂，也能提高工作情緒，減低「寧靜」的壓力。

五、深呼吸。練習呼吸，吸滿一口氣，暫停幾秒中，再緩慢呼出，一共做三至五次，會使頭腦由雜亂無章的情緒中暫時離開，配合音樂效果更佳。

六、打電話。心煩時，一通給朋友、親人、孩子的電話，立刻有移情作用。這也不知為解除壓力的好方法。

七、聊天。實在無法進行工作，再做下去效果可能更差，那麼找同事聊聊，發發牢騷也是一途，或許找到新的靈感及情報，問題就解決了也說不定。

至於工作以外的時間，想到要紓解壓力，那方法可就太多了，隨便想想，就可以做到的有：

一、運動。每週至少三天，每次至少三十分鐘的連續性運動。有運動的人肺活量大、氣足、病痛少、身體健康、能接受較大的壓力。「聲嘶力竭」的機會，以及一番模擬式的音樂情境，壓力隨之而解。

二、小酌。喝酒不見得就是壞事。君不見世界上快樂的民族、浪漫的人們都善於飲酒，只是喝個酩酊大醉，就會壓力更大了。

三、旅行。離開工作現場三天，可以解除小壓力。七天為中壓力。十天為大壓力。所以，拋開工作吧！可以立即紓解壓力。

四、性愛。無可否認的是，男女情愛是可以解除壓力，只是，若要追求太多感官刺激，到頭來可能給自己更多反效果。

五、看書。找解答、找解藥的方法之一，就是看看雜誌了。能夠看一本好書，會提供很多新的靈感和點子，也許問題就能迎刃而解。

六、醫生。有精神科方面的問題就不要怕麻煩。有些焦慮、恐懼及精神官能相關的疾病，其實只要一些藥片就能解決了。

七、寵物。現任人愛寵物有時更甚於子女及財產，而成為生命的一部分，所以，選擇一種寵物做為寄託也挺不錯。

八、嗜好。打麻將、跳舞、集郵，都是不錯的嗜好。當然要在適可而止的情形下進行，也不能玩物喪志。

九、拜拜。宗教本身永遠能給予人們希望及寄託，所以無論信奉那一種，只要不過於迷信，都能直接紓解壓力。

十、購物。花錢是最好的消遣，原因是有成就感及參與感。所以，鼓勵消費及選擇一些自己喜愛的東西買買，也能減低不良的情緒壓力。

十一、洗澡。水的循環也能造成血液循環加速，有新陳代謝的感覺，因此，洗澡、沖涼都能減低壓力。

十二、靜思。日本人最喜愛「安靜的想」，真的也很管用。讓思想有馳奔的空間，才能想出新的方案，這點也很重要。

十三、學習。有興趣學新技藝，像電腦、太極拳、插花、游泳、語文，只要有付出就有收穫，學習的成就，會使人重新肯定自己。

十四、玩賞。看電影、郊遊、聽音樂會、看展覽，只要能夠有活動的機會，就不要錯過，這些都能一點滴紓解壓力。

十五、交友。友直、友諒、友多聞，益者三友。能有良師益友，終身受益無窮。有了問題直接找他們，就有了發洩的機會，而往往壓力也在傾訴中，化為烏有。

十六、睡覺。一覺解千愁，暫時離開人世間一切的煩惱憂愁，也許「李伯大夢」醒來，世間又換了一個也說不定。

總之，要避免被工作謀殺，我們必須在觀念上，把生計、生活和生命三者分得清楚。工作是生活的一部份，生活加上工作也僅是生命的一部份，工作的壓力只應存在於工作的時段裡，不應帶到生活裡，更不代表整個生命。

step 11

兩點一線的宅工作：除了網絡，沒有關係

現代社會有一個黑暗的名詞：宅。「宅」起初應該是從網咖和遊戲衍生出來的副作用。到後來，網路社交工具越來越發達，人們發現只要是坐在電腦和手機裡面，就可以消磨掉大半個人生，於是，就成為多數人的宿命。

住在靠近美加邊境的小鳥兒（化名），早年因為怕曬太陽變黑，所以就很少出門。慢慢的，他得了一種罕見疾病乾燥症，沒有唾液口水，那就行動更不方便。現在，不到六十歲的她，每天與台灣的親友們在網上聊天過了一個晚上，其餘時間就是看社交網路或者郵件傳來的各種「你一定要看」。如此消磨了一天又一天。

現代人的社交語言，往往一張嘴就是，我今天在網路上讀到ＸＸＸ，你看到了嗎？或者，一大早就會接到來自各方所謂好友的各式「網路瘋傳」的妙聞絕句。這些，阻擋了其餘可以研讀更多精闢理論的機會，同時也削減了人和人之間，少的可憐的正常人際關係。

我們的生命，因此與臉書、推特、微信、微博、部落格、郵件副檔、YouTube、各種空間等等，可以佔據我們時間的資訊牢牢沾黏，不但缺乏正確的思維，經常被人云亦云的觀念誤導；而且，更恐怖的是，沒有辦法判斷是非善惡，自以為是的自我膨脹。

就拿生病看病這件事情來說，現在的人只要發現有毛病，在第一時間不是去找醫師，而是去找網路。從網路上人家寫出來的經驗，企圖看出自己的病在哪裡，而且依照那些別人的祕方與指引，這認定這些辦法和藥方，要比花大錢去請教醫生要強的多。更有趣的是，病情愈嚴重，愈相信野路子的靈丹妙藥；小毛病，例如頭痛感冒，才去醫院抓藥看診。

延伸的結果，社會上除了產生很多似是而非的真理，還誕生了更多愈來愈宅的人群。他們在某種議題上、某個遊戲裡、某段空虛的時刻，偶而或經常與另一人交集，甚至與他或她相談甚歡，但是，若干年過去了，兩人從未見過面，也不想見面，或者只知道彼此的暱稱。

當然，如今的社交就成了網路社交；真正的人際交往，反倒是個陪襯。在酒酣耳熱過後，演講完畢下課之前，人們留下的是：請加我的ＸＸ。眾人留下的不是手機號，而是ＱＲ，或者ＩＤ，所謂關係最好，人脈雄厚的人，不再是比有多少名片，多少朋友，而是今天跟貼，有幾個讚。以下的真實案例，就可以看出，人們逐漸發現，缺少交際手腕，好像少了點什麼。

突破工作困境◉31

不喜歡與人打交道，到企業不受重用，怎麼辦？

我是一個實幹型的人，做事踏踏實實，但是不善於與上司（非平易近人的風格）打交道，表達能力也一般，我將來到企業會不會受到重視以及重用，我需要在哪些方面做些改進？與其它非上司的人交際我還是較好，而且我也是準備從事客服或是市場類工作。

石總經理的建議

人際互動之間有一個磁場，產生在彼此的對應氣氛當中，互相影響，我們會在什麼時候遇到什麼樣的人，通常是無法預知，也無法選擇的。有時候我們會遇到一見面就慈眉善目、和諧可親、有笑容、有幽默感，散發著很強的親和力的人；有時候遇到的人表情木訥、沉默寡言、不容易顯現喜怒哀樂的表情；有時候遇見的人一臉嚴肅，甚至於還有人習慣性動作粗魯、脾氣暴躁、口出惡言、眼露凶光。雖然，我們的心情和互動的氣氛，會隨著不同的情境而改變。但既然說人際磁場是由雙方互動的，到底，我們是被動的受影響者？還是有主動能力的氣氛營造者？或是可以調整因應各種情境的高EQ者？答案當然是清楚的告訴我們，應該是做一個有調適能力的良好互動氣氛營造者。

從事客服或是市場類的工作，是公司對外的代表，接觸的是廣泛的消費者大眾，涵蓋男女老幼、三教九流。不論是那一類型的人物，都需要與他們面對面接觸溝通。除了對公司的產品或服務做出詳細的解說之外，也要應客戶的要求回應各種問題，最主要的，是要獲得顧客的滿意，甚至於還可以得到讚美。因此，基於一個職責的基本精神，你的禮儀、專業知識、口才訓練，以及微笑的臉龐與敬業的熱情，都是完成你良好的工作表現所必須具備的基本條件。

而在對主管之間的互動，由於感覺上主管的風格不是平易近人的類型，因此覺得氣氛嚴肅，磁場的對流無法達到熱絡的程度，是個常見的現象。因為多數的主管同時對部屬擔當監督、指導、訓練、協助以及訊息告示的角色，在公務場合不適合對部屬太放鬆，以免造成紀律不嚴謹，或效率鬆散的情況。設身處地的站在主管的職責立場來想，就可以免除心理上負面觀感的解讀。基於人際磁場是一種互動影響的理念，你應該隨時隨地，不論任何對象，常態性的保持自己正面態度的風格。這樣的對應方式，在日積月累，潛移默化中，會漸漸的暖化僵凍的氣氛，達到良好互動的關係。除此之外，你也可以觀察，主管在公務之外私領域的為人處事中，例如對待家屬、朋友、廠商、客戶之間的態度，必然有其較柔軟人性化的一面，讓你自己獲得更深入的了解，體會到良好互動的相處之道。

只要是用心，有誠意，心存善念，以熱情的態度與人相處，就可以經營很好的人際關係，人際磁場越強，事情的順暢度也就越高，形成滾雪球般的良性循環。但如果自己不保持風格和原則立場，受外界不同對象和不同態度的影響，產生相對的負面回應，就會把人際關係搞的很複雜，徒增處事的困難度，是我們要特別警惕的地方。

做好，只是一念之間，相信你能因這次的交流，獲取心得，掌握分寸，開展人際關係的熱絡之路！

石老師的建議

我在大三也曾經有和你相同的迷惘，讀書？就業？考研究所？留學？所以，到了大三，突然意識到馬上開始另一個人生的起點，總是會和你一樣。你的同學應該也會模糊的想這些，只是沒有你這麼具體。不善言詞和交際的人群很多，只要認真學習口才與溝通，很快就會打開僵局。以下是我的幾項建議，提供你參考：

第一，確定方向。繼續學習考研究所、留學，還是就業、創業？基本上這兩條路在開始看似是分開的，但是卻不是如此。依照生涯規劃的理論，人生旅途在工作和學習的過程是呈階梯狀的，不是直線型發展；換句話說，無論就業或創業，考研究所或留學，都是學習、工作、退休。所以，當你決定學習之後，無論讀到哪種學業，最後還是要工作；相同的，當你決定要工作之後，在每個三到五年都會面臨知能不足的現象，也在這個階段，你還是可以返回學校繼續學習。簡單的說，你現在先想擺在眼前畢業以後，是否需要立刻賺錢養家，這才是最實際的問題。如果不需要賺錢，下一步讀書總不能再向家裡伸手，要有足夠的獎學金或是計時工作，才能繼續學習。

第二，工作定位。看了你的敘述，感覺你的決定可能以就業為主要方向。這就發展出第二個分歧點，到底要做公務員？還是加入企業？我看你是個務實型、穩定型行為模式的人，這種人不善於交際與處理複雜的人際關係，比較適合獨立作業、專業性的工作環境。公家單位無論走到哪裡，都是個靠人際謀合的工作，看來並不適合你。你的工作定位是人格六角形當中的「實際型」、「探究型」或是「藝術型」，你得再仔細把自己的性向做個剖析。

第三，口才溝通。無論從事哪一行業，或者教書研究，口才溝通能力都是基礎的基本功，在學校就要努力爭取機會，多多學習表達能力。比方有活動就參加，研究報告要爭取發言、各種比賽都要參加，以便能夠加強表達和溝通，多多練習才會有心得。至於人際關係如何與上級或上司相處，特別是比較喜歡駕馭他人的「老虎型」上級，那就要有「多聽少說」、「多加表揚」、「投其所好」、「想了再說」這些原則來與他們相處。這些人喜歡的是個性活潑、積極、反應快、會奉承的人們。

雖然坊間有很多「厚黑學」「博弈學」，可以指導年輕人如何更加有社交的才能。但是，不可諱言的是，人生的精力和時間都有限，每天工作、休息、交通、吃飯，所有事情都需要一份時間，除去眼睛接觸電腦和手機的時間以外，到底還有多少人生？令人質疑。

網路交友，卻相隔千里，怎麼辦？

老師您好：我在網上視頻聊天時認識了一個女孩子，很投機，我們時常打電話聯繫，後來他答應做我女朋友，我們現在都承諾要等對方四年，等我大學畢業去找他。請問，您認為我這樣網戀對嗎？

石總經理的建議

時代變遷，隨著網路數位化年代的來臨，交友的機會和範圍已經擴大了許多。在網路上交友，採取認真態度的人並不多見，你能經由這樣的介面，認識新朋友，並且保持交往通訊，基本上，並沒有什麼不妥的地方。只是對於網路上的消息來源，存在著許多虛擬不實的內容，做為引誘詐騙的陷阱，每個人都需要有小心提防的警覺心，以免吃虧上當。相信你的現狀，早已經過濾了這一關。

其實，這段你認為的網戀，應該解釋為你們最初的認識是經由網路的介面，並且經過了一段時間的互通電話。至於深入一層的交往，則是需要透過彼此面對面的接觸，以及人際上的交談互動，才能稱得上是一段有實質內容的戀情。如果將來你們可以透過人際互動的交往，加深雙方的感情，而且經歷了一段時間的相互考驗，就可以說是一個完整的戀情發展，也有機會締造一個愛情的結果。

隨著交往的時間和彼此瞭解的深度，加上你們在心智上越來越成熟的發展，相信你們會更懂得珍惜和處理這段戀情。如果雙方都是真心誠意相互對待，而且都能信守承諾，攜手同步愛情路，也必將會譜出一段令人羨慕的佳話。

石老師的建議

已經有好多個同學問我這個問題，基本上我是不看好這種虛無的愛情。感情的過程需要真實的瞭解，遠距無愛情，只是一種想像的需求而已。彼此還要承諾，那都是暫時性的依存；你們要戀愛就要經常見面，而且時間要很長，這才能真正接觸，有了面對面的溝通，還要一起出遊、工作，這樣才能體會生活的細節。如果只是由視頻看看彼此、寫點自己的興趣和愛好，這樣是不構成真正的戀情條件。

視頻助長了網情的發展。早期沒有攝相頭，只有用大頭貼，很多人上當。臺灣南部有個自稱靚女的，把許多情男都搞的暈頭轉向，最後媒體揭露此姝是個不折不扣的肥女，百十來斤。前兩年深圳還抓獲一個利用網路戀情詐財的公司，裡頭有數百個「網戀」工作者，專門吊凱子。每月都有數百萬的收入，純粹就從無知的網戀裡面「摳」出來的。

我當然反對網戀。人際關係法則之一就是有接觸需求和親和需求。兩個人朝著虛有的空間發資訊，就靠這你來我往的對話，怎能面對現實？愛要勇敢追求，情是一種緣份。但這些都應該在現實的空間裡發展，面對面的在一起；就算是一言不合而分手，這也是真實的體驗。或許驀然回首，才會發現身邊這個最不起眼的，就是最真實的戀人。

試想一下，兩個從未謀面相隔千萬里的人，就會這樣墜入情網，而且朝思暮想，在表面上好似影劇情節，然而，這種故事在現代社會裡，每天都會發生在自己身邊。故事的結果是悲是喜，或許不可臆測。但是故事的原因我們可以清楚明白，是現代人兩點一線以外，沒有別的，就是宅。宅這個字，說白了，在字典裡還有一層意思，就是墳墓。

待在墳墓裡，沒有人會喜歡。可是，宅在家裡，難道就有出息了嗎？年輕人如此，老人如此，除了得到「宅」症以外，還得到什麼？宅，在家裡，在宿舍，會給自己好像更多的選擇，因為接觸更多的資訊，所以反而無從選擇。或者，選擇會有很大層面的錯誤。年輕人知道得越多，往往顯得更茫然，就像下面這個真實案例的主人翁一樣。

突破工作困境◉33

找工作想找自己專業的，卻又不滿意，怎麼辦？

老師，我是一名大三即將步入大四的學生，學的是理工科的，感覺自己技術學得不是很好，將來出去想要找一份在本專業的比較滿意的工作應該是比較有難度的，挺鬱悶，而對於現在，又不知道怎麼辦，想考公務員，又感覺機會不大，也許是太多的選擇，導致我現在不知道怎麼對自己定位，時間寶貴，我卻一直在浪費，請老師幫幫我。

石總經理的建議

有方向會比沒有方向好，就算不對了，還是可以修正，修正後還是會出現新的方向。因此，絕對不能沒有方向，而平白的浪費青春。

先回歸原點，從你的定位說起，目前的理工專業，就是你的背景和定位。理工專業不論從公營機構或私人企業，都有許多發展的機會，你可以從師長和校友之間，得到許多參考的資訊，相信會有很多成功的案例，讓你得到很好的參考學習。你現在因為成績表現不理想，而對自己失去了在這個定位點上，以及發展方向的信心，否定了當初選擇這個專業的志向和熱情，這才是一個需要仔細反省思考的問題。

每一個方向都存在著不同的難度，如果遇到困難就想改變，到頭來只會淪落到一事無成的下場。在你否定花費四年工夫培養職業專長的當下，先回顧一下自己的初衷，檢討一下熱情減退的原因，對困難度的詮釋，以及無法解決困難而想逃避的理由合不合理？尤其是想想看為什麼別人可以做到，而自己卻選擇放棄？如果想通了，認為自己可以重建信心，燃燒原有的熱情，理工專業已經付出了多年的心血，還是你最優先的選擇和定位的方向。

如果真的志趣不合，完全失去信心，需要重新找到方向，那就把不熄滅的熱情放在心上。從這個熱情出發，配合自己的志趣，在新的方向上勇往直前，百折不撓。唯有用你的決心和熱情，才能化解新方向中面臨的新困難，也不會一再的重蹈放棄理工專業的覆轍。

條條馬路通羅馬，問題不是羅馬在那裡，而是你始終沒有放棄走在當下通往羅馬的道路上。

石老師的建議

親愛的同學，在校功課好並不見得就可以找到好工作，相反的，在外找到好工作的，也不見得功課一定好，原因在於學校是基礎教育，並不是實用主義，在社會上工作所需要知道的知識和學

問，在學校只能學到基本的概念，真正要任職的時候，還得重新學起。所以你不必先假設自己學習成績普通，就認為找不到好工作。

工作的第一要求是態度和個性。如果你畢業要擔任外勤工作，那就要身體好，能吃苦耐勞、情商高、口才流利、很有人緣。如果你要執行的是辦公室裡面的工作，那就要細心、負責，能夠分析評估，解決問題，而且電腦技術能力特強，能聽從命令執行工作而不是自己意見太多。

建議你先確定自己要成為業務人才還是行政人才，如果是公務員就是行政人才，那就要有行政個性，追求穩定、個性隨和、多聽命令、少發意見，否則到了國營企業可能比較沒有發揮自我的機會，那時候又來說自己龍困淺灘，已經來不及了。

如果決定到民間企業，就要能耐高壓，民企是一個蘿蔔一個坑，沒有十分的努力，很快就被淘汰的。你要進入民間企業之前要先對這個選擇的行業弄清楚，比方說你是學理工的，找到一個機械公司去應徵，那就先對這個理想的單位上網看看，到底哪個基層職務可能適合你，這個職務都要做些什麼？現在網路這麼方便，任何職務都有說明。

看看這個學生說什麼，時間寶貴，可是我天天都在浪費。多麼真實的語言，浪費的原因是，茫然度過，是「宅」。那麼，怎樣才能打開自己那扇「宅」門呢！這才是最關鍵的問題。特別是家裡通常只有一個人的時候，「慎獨」就成了自己該給自己的戒律。

首先，不懶惰。這看似容易，卻很不容易做到的，就是一個「勤」字。養成凡事都很方便取得的好習慣，現在看來也許是個壞習慣。最簡單的例子就是吃最容易拿到，最容易烹飪的食物，無論早午晚餐都在外食，並且一邊吃一邊滑手機。

第二，限定自己關掉網路的時間。如果你的電腦二十四小時開機，手機二十四小時用著充電寶，不但自己陷在網路裡，並且與四周人的應答也顯得慢不經心，久而久之，已和四周的人即使在樓上樓下，也只會用網路聯絡，是不是很神經？

第三，不要什麼都網購。現代人除了買墳墓沒有網購，其他都沒忘記上網比價錢。或許網購真的很便宜，但是出去逛逛，不是也很好嗎？外界的空間可以增加許多真實的情境，觸摸可以享受實際購物的樂趣。

第四，朋友不要戀在網上。可以在網上交個朋友，但是下一步就是要約她或他出來看看廬山真面目。面對面的溝通，要比紙上談兵的技術要難的很多，但是卻是了解一個人的個性最重要的方法之一。

第五，太舒服？少來。把家裡布置成一個寧靜的窩，特別寧靜、方便、舒適，這也未必是件好事。周末放假就從周五睡到周六晚上，然後穿著睡衣在冰箱找點可以吃的、喝的，開始在電腦前聊到天亮，這種生活愜意吧！但也很腐敗，不是嗎？

當「戒宅運動」能夠普遍推廣到各個社會角落，或許我們的生活會比今天更健康。

step 12

整合方案：擺脫職場憂鬱症

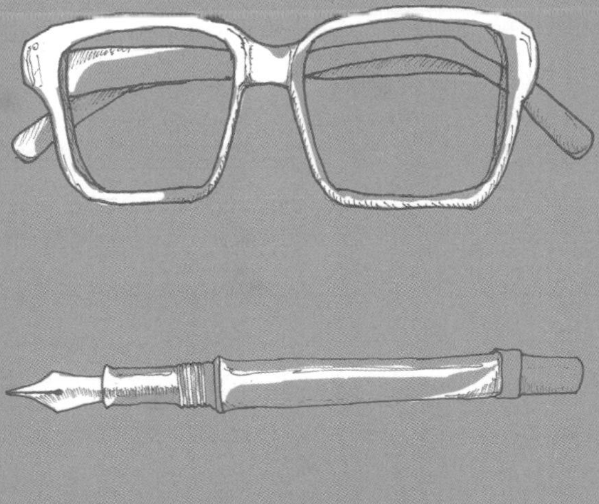

想要擺脫職場的憂鬱，可能最需要做到的是要了解自己的價值觀，到底是要追求什麼？可以說，多數人自從離開學校以後，就從來沒有想過，自己到底為了什麼活著。直到有一天受了挫折或者打擊，才開始對自己深刻的反省，甚至於極度的懊悔，自己浪費了很多時間。

如果用科學化的手段來考慮這個問題，其實很容易。找個僻靜的角落坐下來，拿出紙筆來畫出四個象限，一個是我要做什麼，一個是我能做什麼，一個是我想做什麼，一個是我需要做什麼。用這個最簡單的邏輯，就可以看出自己的理想和現實差距有多大。例如，我的能力是溝通，但是我的理想是做個畫家。那溝通就是我能做什麼；畫家就是我想做什麼。

認清自己的能力與實際的需要，是非常關鍵的問題。在畢業的那一刻，如果是學會計的，那畢業後的第一個工作，當然是以去當會計為優先。可是，偏偏很多人認為，自己並不喜歡會計，想當初也不過是隨便填志願，讀了以後才覺得很枯燥無味，所以打死也不願意當會計。反而認為，現在新娘秘書很好賺，乾脆去考證，當個新娘秘書。

這種不經過思考或指點就貿然入行的人很多。沒想到過了幾年，發現新娘秘書的門檻很低，很多人搶進，競爭之下價格很低；而且沒有周末可以休息，很快就厭倦了這個職業。這時候再找下一個工作的時候，對方一定問兩個問題，請問你是學什麼的？上一個工作是什麼？答說：「學會計的和新娘秘書。」這時候，對方一定會看你一眼，問你一句話，你的專長是什麼？

你的專長，往往才是公司要你奉獻所長的地方。然而，你想了想，回答說，我的專長是溝通。那就讓對方更陷入思考，到底要給你什麼職務呢？這三種不連貫的特質，最後讓人想不出來該怎麼辦？於是，對方一定問，你希望應徵什麼職務呢？結果你說，我的溝通能力很好，希望成為貴公司ＨＲ部門的成員。這時，對方就陷入思考的難題，因為，你沒有經驗，對方不知道該不該冒險給你這個會計系畢業，做過兩年新娘秘書，自認為溝通良好的人，一個人力資源部門的工作。

然而事實上，你可能也沒有想過這些。只認為自己很適合ＨＲ，家人也同意，朋友也贊成，所以就去試試看。不管結果如何，這一連串的不整合，就可能造成你現在與以後的工作出現許多適應上的問題。或許經過三、五個公司或工作之後，你就會給自己打個大問號：我，到底在做什麼？為什麼找工作總是這麼不順？還有，當你遇見挫折，總會想，怎麼這麼倒楣。

簡單的說，從我們進入職場的一開始，或者是選擇科系的時候，就該先把前面那四個問題看清楚。能力與興趣不同；理想與現實也不一樣。我們應該先把一直線拉出來，再走彎曲的路。也就是，從頭開始我們要對自己的選擇負責任，不要任意換跑道，先堅持到成功的那個階段，再企圖找尋另一個可以開始的新方向。

所以，學會計的人雖然不喜歡會計，但是要在畢業後先選擇自己至少學過，有一點概念的東西作為起步。如果你喜歡新娘秘書，你可以到一家婚慶公司去當會計，然後邊做邊學，知道新娘秘書的技能，再加上有了機會機緣，就把新娘秘書當個副業試試看，發現專職當新娘秘書更好賺、也更有興趣，於是就申請從會計職務上改做新娘秘書。又過幾年發現自己不想要當新娘秘書，或許可以到婚慶公司去試試看有沒有ＨＲ的職缺，這時候，因為對於婚慶公司的業務與財務都很了解，對方一定會有興趣讓你試試看。當然，在這家公司有了ＨＲ的經驗，到其他公司去求職擔任人資，就是順水推舟。

不僅是工作應該做如是想，人生更重要的感情問題，也該有個很明確的、比較理性的思考模式。想想看，一個人活一輩子，從二十歲到六十歲之間，只會遇見一個心儀的對象，事實上並不容易。通常，每個人都有若干戀愛的機緣，只不過，人生的婚姻機會，可並不是天天都有。也不應該時常結婚離婚，畢竟這是一種法律行為，所以，把握住情感的界線，讓自己的婚姻不出軌，適可而止。是一種智慧。否則，工作不如意還可以馬上辭職不幹，陷下去的情感就比陷下去的工作，更難收口。以下的真實案例可以作為參考。

突破工作困境◉34

男友工作不穩，面對同事的追求，怎麼辦？

老師，如果您有空，我可以請教您問題嗎？我遇到人生中最煩惱的事情，擇偶。大學的時候交了個男朋友，不是同校，但可以算是同村鄰居，到現在有四年了。他家經濟情況很不好，畢業後一心想做生意，但又沒本錢。導致到現在沒有穩定工作，生意也沒做成。畢業三年了沒有任何儲蓄，有時候還需要我接濟。

我爸媽還不知道我們在戀愛。但是作為父母知道這種情況都會反對的。如果沒有其他人介入，我一直很愛他，相信我自己堅定，一定能說服我父母。可是現在我也動搖了。因為工作後有個同單位的對我很好，追我一年了，知道我有男朋友還堅持不懈。我覺得我的心是偏向我同事這邊的。

我男朋友不准我跟那個同事聯繫，跟那個同事聯繫我又覺得同時對不住兩個人。兩個都是很小心眼的人，要麼結婚，要麼一輩子陌路人。但是他們兩個都是很認真的人、很全心全意的、都對我很好。

石總經理的建議

男大當婚，女大當嫁，對絕大多數的人來說，是人生的必然。現在的你，有感情上交往多年的男朋友，也有工作事業上表現不錯的追求者，對青春期的少女來說，是個可喜的好現象。有話說：男怕入錯行，女怕嫁錯郎，正好是你的現狀的寫照，也是你的煩惱的主因。雖然有難以取捨的心理牽掛，但是現實上就是不可能得到兩全其美的結果，因此，只能做好理性的分析，以及為自己追求美好未來的心理準備。

先談你交往四年的男朋友，最大的牽掛是難以割捨這段卿卿我我的情感，但實質上的原因，卻是他的工作職涯一直沒有建立基礎。男人沒有穩定的事業和收入，就像浮萍一樣，根本上就無法達到養家活口的最基本能力。即使你深愛他，願以身相許託付終身，也很難持續這段婚姻的美滿條件。如果你對他還是存在著希望，應該斟酌一下表達的方式，以明講或暗示，讓他知道你對他，以至於將來一起共同生活的期待，必須以建立在穩定的工作基礎之上為前提。有些人還是具備有才華，存在著未發揮的潛力，可能是暫時性的懷才不遇，屬於大器晚成的類型。這要靠你的觀察，評估男朋友是否值得你的鼓勵和等待。如果他可以在你的等待期限內得到自我的突破，才有機會談到未來，否則的話，緣份的發展，自然而然的就會受到限制。

至於工作同事對你的追求，你的感覺上是誠意夠、態度積極，而且工作穩定，能力、人品都覺得不錯。這樣的情況，已經成為你認為可以維持適度交往的條件，是理所當然的。唯一需要的就是時間的考驗，因此，如何維持適度，要看你對他的真誠和持續熱度的感覺，在瞭解和互動的增進中，讓感情自然的成長。

從個人的性向上來看，你珍惜和男友初戀四年的感情，但似乎比較喜歡同事較為活潑的性格，也覺得條件上比較好。而感情本來就會存在著許多複雜的元素，婚姻的發展過程，也有感性和理性思維的相互影響。世界上雖然沒有十全十美的條件，但只要你選定了對象之後，認定這是你的人生的最好選擇，就會讓你體驗到最美滿的婚姻。

石老師的建議

現在的你是幸福的，有兩個戀人。老師的建議是把兩人都帶到家裡，讓他們給你一個確定的答案。通常大人會很容易給一個建議的，他們不一定會以財富為選擇，如果是的話，那也是給你的同學一個打擊，讓他知道自己犯的錯，就是眼高手底，最後一事無成。

好在你有同事追你，否則就得跟你同學喝西北風過日子。如果你的父母是個通情達理的人，你就與他好好說說，目前有兩個人追求你，你都很喜歡，但是他們也都有優缺點。然後就分別找他們到家裡來做客，讓父母來挑一下，如果他認為都不好，那就找第三個吧。這件事情越快越好，煩惱都是自己找的，總要面對和解決。

從前面幾章許多的案例我們可以看出，多數人在職場上鬱鬱不得志，多半不是不知道怎麼執行工作，而是執行的時候有許多干擾。多數人在感情的路上有很多掙扎，也因此讓自己的工作與感情都陷入低谷。壓力如是孳生，一點一滴的腐蝕著生命而不自知。到最後戕害了身心，達到不可追悔的低谷。

壓力，決不是一天兩天形成的。它是累積的。只要是一個人做的事出乎自己的意外，並且讓自己覺得不夠完善，有了心理或生理的瑕疵，就產生了壓力。壓力當然影響了情緒，情緒又影響了自己的正常表現，環環相扣之後，就傷害了自己與他人。壓力不是不可控的，只要能及時找到壓力源，那就很快能夠獲得緩解。最典型的壓力源是來自經濟的壓力源、來自社會的壓力源、來自飲食的壓力源、來自環境的壓力源，還有來自自我的壓力源。求助心理醫生或者專家，可以破解這些壓力源，然後用紓壓的手段就可以逐漸降低壓力指數。以下這個真實案例，就是成功的減壓實現者。

突破工作困境◉35

上班容易慌張、有壓力，怎麼辦？

老師您好，我是廣州做外貿的女孩，之前有過典型壓力症的，現在已經好很多了，很忙但不會像以前一樣遇事那麼慌張了。平時上班還要注意哪些事情才能放鬆情緒呢？

石總經理的建議

首先，要做好上班前的準備，熟知工作任務，具備擔任該項工作的技能，以熱誠的心，和積極的態度面對工作的人、事、物。工作有準備，自然會消除緊張，從容不迫，而且在態度上，就已經準備好要去接任務，執行工作上的事務。以肢體語言的表現為例，有準備的人會在與上司，同事，顧客或廠商的交談中，習慣性的把兩手微握擺在腰際和小腹之間，準備好接任務處理事情的態度，而不是把雙手放在腰背後或者其他地方。這樣的態度不但讓別人感覺到你的積極與熱忱，也使你自己表現出不慌不忙的自在。許多人在接到突然的使喚或任務分配時，會顯得慌亂緊張，主要的原因是態度消極，欠缺準備，把工作當做是一種負擔，才會因此而表現出不安定的現象。

其次，是要有工作的信念，認為自己的工作能夠創造效益和價值。例如從事服飾業能夠帶給顧客穿著舒適美觀，食品業能帶給顧客品嚐美食和健康，交通運輸業能帶給顧客和貨品的流通安全便捷等。你現在外貿事業服務，就是以達到商品成交，確保優良品質，安排貨品如期順利交貨，回收貨款等整體環節的某一個崗位，為這個營運過程和績效成果獻出一份心力。使買方和當地的消費者，得到喜歡實用的商品，帶給他們消費的喜悅和滿足感，最終還能為企業創造利潤。這樣的工作信念時常存在自己的心中，自然會以愉快的心情投入工作，不至於感到緊張和壓力。

第三，則要經常保持身心的最佳狀態。工作需要愉快精神與好體力，養成作息正常的好習慣，飲食營養均衡，適度運動，以及培養可以調適心情的休閒娛樂活動。給自己多一份關心和照顧，是健康生活的起步，也是做好面對一切準備的根本。

當然，工作歷練越來越豐富成熟，也會幫助你更懂得面對事務的調適和因應。希望在這樣的情況之下，讓你越來越充滿信心，創造傑出的事業成就。

石老師的建議

上班的時候要記得多看藍天綠地，特別是遠方如果有青山綠水那就更有幫助，最好是每隔一個

小時站起來看看窗外。鞋子和衣服不要穿的太緊，女士們的高跟鞋和窄裙，男士們的緊身內褲，都會給自己非常大的壓迫感。雖然這些是生活的細節，但是壓力就是從這些小細節累積出來，不知不覺侵蝕到自己的身體和心靈。

除非社交場合，否則不要給自己壓力。西裙太緊，穿上老是精神不集中，還要分神收腹，寬鬆的衣服、棉的最好。記得坐下的時候，儘量往椅子前面，不要靠後，小肚子就會少些。每個人長期坐著看電腦，就會有肚子，這跟胖瘦沒關係。看著計算器還會有乾眼症和脊椎側彎，建議您最好能夠吃點枸杞子和胡蘿蔔這類補眼睛的食物；以及經常做些肌肉放鬆的運動讓下半身血脈周流。

如果喜歡戶外活動的人，最好就是能夠下班以後，讓自己參加一個社團，一年四季有活動都早就安排妥當，你只要說去，就會有人幫忙準備好一切用品，這就不必愁怎麼去？去那裡？到那裡去買吃的、喝的等等，即使遇見臨時性問題，也有全套救難、急救的人出面協助。

當然，也不是每個人都喜歡戶外活動，很多室內文化性活動也很有觀賞價值，例如：美術館、博物館、文化中心的展覽，比較不費交通時間，又可以得到知性的內涵，不妨經常性拜訪，也有百餘處可以選擇。如果能夠做文化義工，那更可以為自己及社會達到雙贏及互惠的效益。

如果那裡也不能去、不想去，那在家裡好好待兩天也很好。週五夜可以晚一點睡，週六稍晚起身，吃個早午餐之後，幫忙一點家務事，例如：將自己的房間整理一番，或是去超市買個菜，買點喜歡的東西都是好主意。週六下午可以再稍事休息，與家人或鄰居閒話家常，多跟老人親近以盡一些孝思，或去友人家中喝茶聊天，拜訪許久不見的師長，也是相當好的活動，既能聯絡情感，也使心胸開擴。

夜間的休閒自然是音樂與讀書。看看電影、電視；或者你也可以只打開收音機，選擇一些喜歡的頻道，讓自己的心靈得到一些滋潤與喜樂。周日也可從事宗教性的活動，或者可以有些親子的活動。選擇略為早起，可以適度調整回前一日的晚起以及後一日的早起，這一天千萬不要再將自己弄到很累，尤其是不要遲睡。

丹尼爾．席格（Daniel J. Siegel）的《第七感：自我蛻變的新科學》是一本很值得推薦的著作。表面上看，這是一本很玄的書；仔細看，又是一本很難懂的心理醫療書。不過，藉助最新發現的腦部理論，我們可以對壓力緩解的新定義了解更多。作者發現，「第七感」是一個歷程，讓我們能藉此監督與調整身心健康三角形中的能量與資訊流。第七感，是集中注意力，讓我們可以看見自己內在的心智運作。它可以幫助我們意識到自己的內心，而不被它淹沒，也讓我們能脫離根深蒂固的行為模式與習慣性的反射反應，超越任何人都可能陷入的情緒惡性循環中。

這本書的第一章提到，額頭正後方的區域屬於腦部額葉皮質的一部分，也是腦部最外層的部位。額葉跟大多數的複雜思考與計畫有關。這個部位的活動會啟動神經元的運作模式，讓我們形成神經表徵，就像地圖一般，描繪出我們所處世界的各個層面。這一連串神經活動所勾勒出的地圖，協助我們製造內心的圖像。前額葉皮質同時也負責製造可描繪我們心智本身的神經表徵。這些描繪出內在心智世界的表徵稱為「第七感地圖」。

丹尼爾・席格畢業於哈佛醫學院，多年來深入研究大腦神經科學、心理治療，與兒童發展等領域。目前於加州大學洛杉磯分校醫學院擔任臨床精神醫學教授、加州大學洛杉磯分校「正念認知研究中心」主任，以及席格博士本人親自主持的「第七感研究中心」執行長。這本書的第二部有很多實際案例，說明了他醫治各種病患者的來龍去脈。他認為，學習正念認知只是一種鍛鍊方法，可以用來培養我們所定義的知覺整合。許多人聽到「正念」（mindfulness），就聯想到宗教。但事實上，以這種方式集中注意力是一種有益健康的生理歷程，是腦部保養的方法，而非一種宗教行為。研究發現，進行正念認知練習的人，頭腦都會轉向「接近狀態」（approach state），讓他們願意正面接近具有挑戰性的情境，而不是逃避忽視。

另一本值得推薦的，是諾貝爾經濟學獎得主康納曼的經典名著《快思慢想》（Thinking, Fast and Slow）。一九五四年，康納曼在耶路撒冷希伯來大學取得心理學學士學位，加入以色列國防軍服役，退伍後到加州大學柏克萊分校取得心理學博士學位。一九六一到一九七八年間在希伯來大學心理系任教期間，他遇見特維斯基（Amos Tversky），開啟了一段輝煌的學術生涯。二〇〇二年，康納曼與開創實驗經濟學的史密斯（Vernon L.Smith）教授共同獲頒諾貝爾經濟學獎。美國《商業週刊》書評家 Roger Lowenstein 認為：「《快思慢想》是康納曼最平易近人的一本書，內容除了釐清經濟學與理性的關係外，更深入探討我們平常思考、反應、下結論的方法。其中，誤判的可預測性，是他最感興趣的一環。」

這本書的核心概念是說明，每個人的心智可以分為兩個系統，系統一是自動化的運作，非常快、不費力氣，即使要費力，也很少，它不受自主控制。系統二則動用到注意力去做費力的心智活動，包括複雜的計算。系統二的運作通常都跟代理人、選擇和專注力的主觀經驗有關。作者舉出幾個例子，用鮮藍或大紅色的字印刷會比黃、綠或淺藍色更容易讓人相信內容的真實性。假如你希望別人認為你是可靠、聰明，有智慧的，請不要用複雜的言語，儘量用簡單的句子來表達。把你的想法寫成詩或韻文，別人比較會相信你的話。

作者有幾句很經典的話說：「我們的生命是一個不好的循環，因為我們會對取悅我們的人好，對我們不喜歡的人不好，可是從統計上來看，我們都會因為對人家好而受處罰，因為對人家不好而受獎勵。」這是真的，我們都很容易犯這樣的錯誤而毫不知覺。

於是，我們總是在錯誤中尋求答案，而在痛苦的抉擇中得到更為準確的目標。從我們進入職場的那一刻，直到我們離開的那一天，掌聲響起，落幕時刻，可能我們還在問，在這麼多年付出的結果後，值得嗎？這，難道就是我所追求的一生嗎？下面這個學生，也會對我們提出相同的質疑。

突破工作困境◉36

喪失信心，無法認定自己的價值，怎麼辦？

老師，您好！您在榮成學院的演講使我受益匪淺，但我也有個問題很想知道，當時沒有機會親自問。這個問題是：每一位認識您的人都會說，您是一位成功的女士，您有一個豐富多彩的人生，那如果讓您給自己六十年的人生打分的話，您能打多少分？理由是什麼？還有就是我們每一個人對自己都有一個終極的追問，我們的價值何在？意義何在？那我斗膽問問您，您覺得您的價值具體在什麼地方？是各種各樣的職場經歷，還是十幾年的教育事業？

石總經理的建議

人類自從有了文明以來，儘管時空背景有了轉換，綿延了幾千年，還是不斷的在探討這個問題。人的生存本來就是一件很微妙的事情，在父母的體內經過了數以億計的競爭中拔得頭籌，而且平安順利的懷胎出生。現代醫療保健的進步，人類的壽命已經到達了平均八十歲的水準。也就是說，來到了人間，上帝給了每個人兩萬九千個日子生活，去經歷體驗一段喜怒哀樂，悲歡離合，生老病死的奇幻之旅。至於這一段生存之旅的意義何在？有下列幾點可以做為參考：

首先，要珍惜生命，活的精采。生命是可貴的，時間是有限的，所以要把握生命，善待自己。所謂身體髮膚，受之父母，不敢毀傷，自己有責任維持一個健康的身心，走出人生的道路。也要隨著年齡的增長，在每個階段，做好自己扮演的角色。以善待自己做為出發點，繼而善待周遭有緣相聚的人，由家屬親人，逐漸的在能力的範圍內，去照顧和幫助別人。

其次，要認定自己存在的價值。所謂天生我材必有用，人在出生成長的過程，享用的是先人和長輩所建立的資源，一旦到了成年之後，就是要為這塊大地和人類群體付出心力，做出貢獻的時候。不論在那個行業或工作崗位，都得有這種生存價值的認知，從基本的忠於職守，或進一步的創新改善，都能做到最好的發揮。千萬不要妄自菲薄，使自己喪失信心而感覺不到生存的意義和價值。

第三就是要做到傳承。所謂承先啟後，繼往開來，人類所以能綿延不斷，繁榮進步，越來越優秀，就是靠著先人前輩的代代相傳。因此，從每一位個體的角色，可以從經驗、知識、技能、以至於血脈，都要承擔起接棒和交棒的任務，經由我們而培育出更卓越的新世代。

在以上的三項生活主軸的架構之下，必定會得到一個豐富精采的人生旅程。在這樣的情境中，就可以為自己發掘和創造更多的生活情趣，不僅帶給自己愉快的心情，也能為別人帶來更多喜樂。

石老師的建議

這個提問很具挑戰，的確，我也常常會思索人生的真諦。總的來說，人生的目的是培養宇宙繼

起的生命；人生的價值是能夠不屈不橈的為自己的目標努力達成。我的一些思索在以前的文章都有發表過，這裡就不再贅述。每個人都會有自己的思考和理想，並且每個階段都有不同的使命。

在人生每個階段，我們都會有得有失，這種得失在方寸之間，外人往往不能評價，所謂「文章千苦事，得失寸心知」，每個人的喜怒哀樂也只有自己知道。

我在目前的階段感覺大約可以有七十五分了，原因是該盡的人生義務都大致完成了——相夫教子和孝敬父母。如果人生的滿分是八十分，我的分數在這兩項上是不錯了。

至於事業，每個人都會有很多變化。所以我認為很難給一個定數，只要能達到貢獻人群的目的就很好了。每個人追求什麼，現在並不知道，但是每個人都有屬天的任務要在這輩子完成。只要認真的對自己感興趣有能力的事情去做，上天自然會成就你想的事情。人類的價值就是要幫助下一代完成接續生存的使命。

宗教家認為，一個人要知道天命，要知道屬天的任務。這個任務我們可能一輩子也不知道；但也許每個人都知道。比方，年輕時候要把書讀好，工作的時候要認真負責，交朋友要誠信，對父母要孝敬。凡此種種，只是當盡的本份，很難與個人的價值觀或者追求連成一條線。

對自己的價值觀，最容易判斷的就是自己的理想與追求。例如，金錢價值觀強烈的人，對於達不到一定的高度，總會很失望。但是，如果問一個藝術家，他會認為自己的創意和作品達不到自己的理想，那就沒有追求的意義。反觀科學家或醫學家，他們或許也賺了很多錢，可是他們工作的目的，往往不在於經濟價值有多少。所得到的財富，對他們只是一種副產品罷了。

從這個高度來反思，就會知道，如果我們的主要欲求，總是停留在生存的最底層，那麼我們要滿足自己，就會有一定的難度。唯有把自己拔高到更寬廣的水平，才可能不受物慾的吸引或摧殘。著名的殘疾人尼克，自幼就沒有四肢，但是可以環遊世界去巡講他自己奮鬥努力的故事，他說：我雖然無法牽著愛人的手，但是可以牽住他的心。

職場，並不是生命的全部。它可能是生活的重點，成就的起點，但是絕對不是生命的終點。我們工作，會有退休的一天。我們上班，就得知道不要帶著工作下班。這是一個學習和收入所得很大的場所，但是絕不應該是得到憂鬱和疾病的地方。聰明的人，要知道如何進退，徜徉在自己喜樂的職場，而不是灰暗的離開自己曾經認為可以光輝燦爛的地方。

結語

小確幸：如何獲得真正的幸福日子

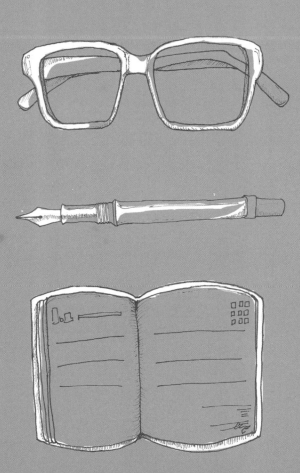

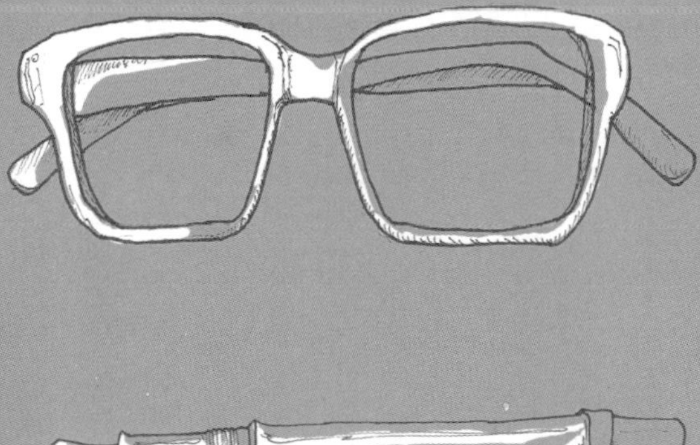

曾幾何時，臺灣非常樂意追求「小確幸」，這原是日本著名作家村上春樹的作品《蘭格漢斯島的午後》其中一篇散文的名稱。後來成為臺灣社會追求的社會風尚和指標。「小確幸」意味著，大家要的是一種很容易「知足常樂」的狀態，一種很滿足現狀的心願。

翻開「Facebook」和「LINE」，上班族貼進去的生活享樂，基本上都是這些：今天發現了一個非常「讚」又「超」便宜的餐廳，一定要分享。今天到附近的一個很有陽光、很有意思的風景區，一定要分享。今天吃到一款網上流傳很有名的霜淇淋，一定要分享。今天讀到一段別人轉來的話，特別有意義，一定要分享。今天和家人一起去曬太陽，吃小吃，一定要分享。今天知道了一種能減肥和養生的新招，一定要分享。今天朋友過生日，開派對，去釣蝦，一定要分享。

彷彿現在的上班族不再關心什麼世界大事，最好的生活就是感恩的、健康的、安定的日子。這就是標準的「小確幸」，雖然是小事，但是也確實感到滿足和幸福。表面上看，這有點像是消極的、無所事事的，無感的生活狀態。但是仔細想想，確實有點使人聯想到梭羅在《湖濱散記》裡面所說的那樣，時間只是我垂釣的溪。

「小確幸」其來有自，回顧臺灣，在四十年前，也是「家庭即工廠」，無論那個人，都投入生產的大軍。只要是能有一雙手的阿嬤，在家裡都沒閒過，做一百個塑膠花可以賺幾毛美金，那就不得了。如果鄰居有人到國外留學寄了美金一百元回來，大家都羨慕的流口水。那個愛拚才會贏的時代，十分可貴。慢慢的，臺灣有錢了，臺灣錢淹腳目，絕不虛傳。台商在東莞唱歌，身邊的小姑娘唱一曲，就給一百美金。有錢的二代，上船出國遊覽，會狂撒美金殺拚。到了歐洲，也像今天的大陸客一樣，勞力士鑽錶買一打送人。

在臺灣的股市從一萬兩千點，瞬間跌到三千五以後，臺灣有極大的反思。前一個月，穿著高檔BALLY皮鞋，年末拿一百個月獎金的中產階級，後一個月被無情辭退，兩袖清風。許多老闆自殺跳樓，跑到加拿大、美國、澳大利亞和中國躲債或捲款潛逃的不知凡幾。

企業家當時流行「禪學」。很多道場，在那個階段大行其道，大家都以「修禪」讀「國學」為時尚。好像沒有去打過「禪三」、「禪七」、沒有為道場捐個「百萬會員」的，都不算是有良知良能的優良企業家。當年還有多少人因此出了家，都是因為在一連串大局變化之下，感懷世事滄桑。慢慢的，大家有意無意的都有老子的思想，無為而治。

以生涯規劃師的角度來看，每個人的一生，最重要的轉變期是在三個時段：十八—二十二歲；二十八—三十二歲；以及三十八—四十二歲。在此前後都是平台，只有這三個時期是爬坡和思慮變動最大的時刻。有變化不見得是不好的，能夠掌握變化的時機，才能因應天時，順時而行。也可以說，變動前來的那幾年，就應該開始準備，開始計畫。那就是十六歲、二十六歲和三十六歲。

十六歲要計畫些什麼？當然是將來打算就讀哪一類的科系，確定自己的興趣和志向。這時候可以參考老師和家長的意見，人生的定位往往跟這個階段有關，開始的時候選錯科系，白白花四年功夫不說，對後來的一生影響很大。特別是現代的教育講究多元化，學生可以多選輔系或是選修自己喜歡的通識教育學分，為自己加分，所以學生要把自己在校的時間充分應用，專心學業。

二十六歲要計畫什麼？當然是家庭和工作的取捨和平衡。現代許多曠男怨女，往往在這適婚年代，日以繼夜的工作，忽略了感情與家庭，才是生命中的永恆。等到時間一過，就開始抱著獨身主義，成為黃金單身漢，殊不知道了中年以後，才會漸漸體會到家的重要。許多人工作時十分卓越，但是生活很貧乏，拿掉工作的冠冕，就成了實質的空心人。

三十六歲要計畫什麼？當然是預備第二事業生涯的開始。現代人必須多職能多樣化才有競爭力，單一的技能很可能會提早被淘汰。如果等到三十八－四十二歲要打變化球的時候再來準備，時間上可能就晚了些，因為任何技能或者興趣的培養都不可能是一蹴可幾的，沒有兩三年培養與醞釀，不可能發芽生長。

寫下自己的計畫時，要按照四個象限去分析：我能做什麼，我想做什麼，我要做什麼和我該做什麼。這樣才能充分思索個人內心到底和現實差距有多大。可以做的未必是自己喜歡的；真正喜歡的，又未必是該做的，唯有交叉分析才能體驗出自己實實在在想著什麼？把握關鍵年代，把握黃金時間。

富蘭克林在大廳看到三個工人挑土，發明了經典名言：「時間就是金錢」。意思是說，明明給了三個工人同樣的時薪，為什麼結果大大不同。有人一小時挑了三擔土，有人挑了十擔，有人挑了比這兩人還多一倍的土。或許有人會說，他們體力不同，但是，富蘭克林認為，真正的原因是我們給的時薪裡面沒有附帶條款，表明到底要挑多少才能給錢，所以人們就依照這個小時工來記數，時間到了就領錢。這就產生了效率，也就是，如何在最短的時間內完成最多、最正確的工作。

一項任務交代給基層人員，比方說一個辦公室助理。你會發現即使是小事也會得到不同的結果。A小姐拿起電話懶洋洋的說：「張經理，下午要開會。」B小姐不一樣，正襟危坐很認真的說：「張經理，下午四點在五樓會議室開會，提醒你別忘了帶明年第一季的預算報告。」這兩種截然不同的態度，當然在老闆支付薪水的時候，不會細細考評。就算考評也精算不出哪種人必須多支付一點。甚至，也許B小姐雖然敬業，但是人長得不美，老闆還不太喜歡他。

到了中階職務，經理人狀似忙的焦頭爛額，但是如果仔細分析他們都做些什麼？怎麼做？也會令人吐血。有的小頭頭好不容易「媳婦熬成婆」，就忙著在鍋裡煮青蛙。喜歡拿下屬開刀，每日三令五申，拿著雞毛當令箭。還有的每天忙著「逢迎」不停，對自己的層層上級，想盡法子「拍馬屁」。所有的工作時間都在忙著人情往來，樂此不疲。並且視此為升官發財之道，捨我其誰。

高層如果沒效率，那就毀了。金山銀山也會演出帝國沉亡錄。這階段的效率，不是任何人所能計算出來的，而是自由心證所衡量的得失寸心知。還有許多老闆認為自己當上老闆，自然沒必要庸庸碌碌，可以讓自己縱情四海而悠遊自得。企業走到這一步，領導者公私不分，那也就岌岌可危。

上班族如果仔細想想，日常工作最難的幾件事情，第一是避免干擾與拖延。每天只要開始進入辦公室，事情就會永遠做不完的。如何拒絕更多的問題不斷困擾或打擾你，都得練習拒絕的藝術。因為事情一旦是你做，就永遠是你的了。如何想法子讓事情分擔給不同的人，還得顧及別人的面子，是需要很好的人際溝通和授權能力，必須趁早學習。

日常工作第二件難事，是基本功有待加強。所謂基本功是指個人的技能，譬如說寫的能力、運算的能力、電腦操作的能力或是個人自我管理的能力。這些都很耗費時間，如果沒有訓練，很可能在許多細目工作上都會比別人慢。學生也一樣，同樣寫報告，有人三天就夠了，有人硬要寫一個禮拜才能完成。

日常工作第三件難事，是溝通協調能力不足。例如接打電話處理問題，開會時候耗費時間，行銷業務口才不好，諸如此類都是溝通的問題。處理這些困擾，必須擷取前輩的經驗和智慧；更重要的是要不斷的進修溝通協調與解決衝突的方法，才能滿足自己與客戶的即時需求。如果都能按照步驟，並且每天都能保留一些時間靜靜的思索，其實問題的答案往往就在眼前。

華勒斯．華特斯（Wallace D. Wattles）在他的名著《失落的世紀致富經典》（The Science of Getting Rich）裡面，提到十五個致富的摘要。其中提到一個重要的觀念與時間和效率有關，那就是致富需要效率，但效率是「行動與心靈力量的結合」。如果效率只是讓老闆拿著鞭子在身後計算到底挑了幾擔土，或是上班每分鐘是否都用在正經事情上面，那麼就算是軍隊般的鋼鐵紀律，也難免會日薄西山。

人類的情緒是由腦內的杏仁核所掌控的，丹尼爾高曼在《SQ-I-You 共融的社會智能》這本書裡明白的指出「用IQ解決問題，用EQ面對問題，用SQ去超越問題」。我們的經濟社會要能達成效率，除了依靠科學工作方法，還要有品德的培養，那才是真正的敬業精神。小確幸表面上是很溫婉的自行其是，但是在長久看來，失去競爭的心態，當然是一種可畏的危機。如何能在理想生活和現實壓力下取得平衡，可能是未來上班族奮鬥的目標。

壓力存在於工作中的每一個階層，老闆有老闆的壓力，員工有員工的問題。一個人的壓力不是突發性的，而是累積性的。這就好比天平上的砝碼，有一邊不斷放下秤錘，另外一邊就會傾斜，並且隨著砝碼愈加愈大，另一邊的承受力就愈來愈薄弱。如果上班族能深切的明白，影響快樂程度最重要的因素，是人們相處的物件，而非薪水高低、工作壓力與婚姻狀況。如果大家都能和平相處，個人就會輕鬆許多，當然也就能夠減少許多的壓力。

當今社會的宗教活動十分熱切，心靈有了歸宿，對於重大事故就比較容易應付。尤其是當事故發生時，由比較有經驗、老練的人可以協助、規勸，也許對某些人可以產生比較好的壓力紓解力量。特別是年齡大的人，彼此在宗教信仰裡合一，那種依存的心境是平常人所不能體會的。

有些人對於宗教持有不同的看法，這都是個人的體會，不必太過解釋或是穿鑿附會。無論如何，多數有信仰的人，人生都有比較好的方向，遇見挫折的時候比較能夠交托，身心靈比較能夠維持平衡，這一點是值得肯定的。生命的軌跡在每個人身上都不同。大部分的人一生有起有落，很少有一生搭順風車或事事平安的，有了宗教的依託，可以撫平情緒與傷痛。

信仰當然也不局限於宗教，政治信仰或是對於自己的信念也是一種信仰。思想產生信仰，信仰產生力量。一個人如果有過宗教、社會和政治活動的經驗，就會瞭解參與群眾、奉獻自己和交托自然的相關性。只有在與人相處忘我的情形下，才能超越自我。有了這種心情，壓力就彷彿消失了蹤跡。

矛盾與摩擦是人與社會必然發生的現象，每個人有自己的想法和做法，在一個非營利的團體裡面，這種問題是與時俱進的，只要有人，就會有是非，就會有爭先恐後，就會有爭名逐利，就免不了會有衝突與利益，並且非營利組織裡面的問題都是暗的，與白熱化的企業之爭截然不同。

隨著時間的演進，當一個人深深的瞭解自己的角色與任務以後，就會慢慢超越過這個水準線，慢慢進入一個新的境界。這時候的你，逐漸會理解生命的真諦，無論在職場或是社會團體，都會享受與人相處的快樂，認真交到彼此有同好、相知相惜的朋友，進而能夠歡樂與共、惺惺相惜。

人的境界隨著自己的想法而不同。每個人都是一本書、都是一首歌、都是一篇詩、也都是一張光碟、一個晶片。這裡面紀錄的是你自己一生中為自己塑造的一切紀錄。這些可以是很精采的紀錄，也可以是很平凡的紀錄，無論如何，當你的書闔上的那一刻、歌唱完的那一刻、詩寫完的那一刻、光碟用盡的那一刻，只有自己最清楚，裡面是什麼。

因此，每個字、每個音符、每張照片、每個回憶，都是一生擁有最好的時刻，都是創造紀錄的時刻，也是改變自己的時刻，這本書該如何批註，這首詩該怎樣標題，這首歌是喜怒哀樂，這張照片是那個角度，都是自己決定去寫下、譜下、唱出和燒錄的。

人生可以有的日子不知道有多少，有的人紀錄很長，有的人時日很短，不過這些日子中能夠把握的人，並不是別人，而是自己。人生並不是由老闆來決定、由家人來決定、由金錢來決定或是由命運來決定，真正的關鍵和主角只有一個，那就是自己。

你，就是人生的主人，就是故事的主角，劇本怎麼寫，歌要怎麼唱，不必先問別人，要先問自己。每個人生下來有不同的遭遇，經歷不同的環境，歷練過各式各樣的困厄和險阻，面對令人激賞和令人討厭的人群，不過這一切都會慢慢的過去，各種問題都會隨著時間的挪移而漸去漸遠，無論是傷痛的、是美好的、是悲哀的、是幸福的，終會到達最後的終點站。

小確幸，也可以有幸福的生活。

BIG叢書 0255

從此工作不傷心

作　者—石詠琦・石賜亮
責任編輯—林菁菁
封面設計
內文排版—黃庭祥
董事長
總經理—趙政岷
出版者—時報文化出版企業股份有限公司
10803台北市和平西路三段二四〇號四樓
發行專線—(〇二)二三〇六—六八四二
讀者服務專線—〇八〇〇—二三一—七〇五
(〇二)二三〇四—七一〇三
讀者服務傳真—(〇二)二三〇四—六八五八
郵撥—一九三四四七二四時報文化出版公司
信箱—台北郵政七九～九九信箱
時報悅讀網—http://www.readingtimes.com.tw
電子郵件信箱—books@readingtimes.com.tw
生活線臉書—http://www.facebook.com/ctgraphics
法律顧問—理律法律事務所　陳長文律師、李念祖律師
印　刷—盈昌印刷有限公司
初版一刷—二〇一五年五月八日
定　價—新台幣三二〇元
⊙行政院新聞局局版北市業字第八〇號

國家圖書館出版品預行編目資料

從此工作不傷心：二大名師教你突破壓抑成就自我的36道心法 /
石詠琦, 石賜亮作. -- 初版. -- 臺北市：時報文化, 2015.05
面；　公分

ISBN 978-957-13-6261-8(平裝)

1.職場成功法

494.35　　104006204

ISBN 978-957-13-6261-8
Printed in Taiwan